经济管理虚拟仿真实验系列

创新思维案例

Chuangxin Siwei Anli

李 虹 主编

艾 熙 副主编

西南财经大学出版社
Southwestern University of Finance & Economics Press

中国·成都

图书在版编目(CIP)数据

创新思维案例/李虹主编.—成都:西南财经大学出版社,2018.9

ISBN 978-7-5504-3683-1

Ⅰ.①创…　Ⅱ.①李…　Ⅲ.①创造性思维—教材　Ⅳ.①B804.4

中国版本图书馆 CIP 数据核字(2018)第 193876 号

创新思维案例

李虹　主编

艾熙　副主编

责任编辑:陆苏川

助理编辑:张春韵

封面设计:杨红鹰　张姗姗

责任印制:朱曼丽

出版发行	西南财经大学出版社(四川省成都市光华村街 55 号)
网　　址	http://www.bookcj.com
电子邮件	bookcj@foxmail.com
邮政编码	610074
电　　话	028-87353785　87352368
照　　排	四川胜翔数码印务设计有限公司
印　　刷	四川新财印务有限公司
成品尺寸	185mm×260mm
印　　张	12
字　　数	270 千字
版　　次	2018 年 9 月第 1 版
印　　次	2018 年 9 月第 1 次印刷
印　　数	1— 2000 册
书　　号	ISBN 978-7-5504-3683-1
定　　价	32.00 元

总 序

　　高等教育的任务是培养具有实践能力和创新、创业精神的高素质人才。实践出真知，实践是检验真理的唯一标准。大学生的知识、能力、素养不仅来源于书本理论与老师的言传身教，更来源于实践感悟与经历体验。

　　我国高等教育从精英教育向大众化教育转变，客观上要求高校更加重视培育学生的实践能力和创新、创业精神。以往，各高校主要通过让学生到企事业单位和政府机关实习的方式来培养学生的实践能力。但随着高校不断扩招，传统的实践教学模式受到学生人数多、岗位少、成本高等多重因素的影响，越来越无法满足实践教学的需要，学生实践能力的培育越来越得不到保障。鉴于此，各高校开始探索通过实验教学和校内实训的方式来缓解上述矛盾。实验教学逐步成为人才培养中不可替代的途径和手段。目前，大多数高校已经认识到实验教学的重要性，认为理论教学和实验教学是培养学生能力和素质的两种同等重要的手段，二者相辅相成，相得益彰。

　　相对于理工类实验教学而言，经济管理类实验教学起步较晚，发展相对滞后。在实验课程体系、教学内容（实验项目）、教学方法、教学手段、实验教材等诸多方面，经济管理实验教学都尚在探索之中。要充分发挥实验教学在经济管理类专业人才培养中的作用，需要进一步深化实验教学的改革、创新、研究与实践。

　　重庆工商大学作为具有鲜明财经特色的高水平、多科性大学，高度重视并积极探索经济管理实验教学建设与改革的路径。学校经济管理实验教学中心于 2006 年被评为"重庆市市级实验教学示范中心"，2007 年被确定为"国家级实验教学示范中心建设单位"，2012 年 11 月顺利通过验收，成为"国家级实验教学示范中心"。经过多年的努力，我校经济管理实验教学改革取得了一系列成果，按照能力导向构建了包括学科基础实验课程、专业基础实验课程、专业综合实验课程、学科综合实验（实训）课程和创新创业类课程五大层次的实验课程体系，真正体现了"实验教学与理论教学并重、实验教学相对独立"的实验教学理念，并且建立了形式多样，以过程为重心、以学生为中心、以能力为本位的实验教学方法体系和考核评价体系。

　　2013 年以来，学校积极落实教育部及重庆市教育委员会建设国家级虚拟仿真实验教学中心的相关文件精神，按照"虚实结合、相互补充、能实不虚"的原则，坚持以能力为导向，以"培养学生分析力、创造力和领导力等创新创业能力"为目标，以"推动信息化条件下自主学习、探究学习、协作学习、创新学习、创业学习等实验教学方法改革"为方向，创造性地构建了"'123456'经济管理虚拟仿真实验教学资源体系"，即"一个目标"（培养具有分析力、创造力和领导力，适应经济社会发展需要的经济管理实践与创新创业人才）、"两个课堂"（实体实验课堂和虚拟仿真实验课堂）、"三种类型"（基础型、综合型、创新创业型实验项目）、"四大载体"（学科专业开放实验平台、跨学科综合实训及竞赛平台、创业实战综合经营平台和实验教学研发平台）、"五类资源"（课程、项目、软件、案例、数据）、"六个结合"（虚拟资源与实体资源结合、资源与平台结合、专业资源与创业资源结合、实验教学与科学研究结合、模拟与实战结合、自主研发与合作共建结合）。

为进一步加强实验教学建设，在原有基础上继续展示我校实验教学改革成果，由学校经济管理虚拟仿真实验教学指导委员会统筹部署和安排，计划推进"经济管理虚拟仿真实验系列教材"的撰写和出版工作。本系列教材将在继续体现系统性、综合性、实用性等特点的基础上，积极展示虚拟仿真实验教学的新探索，其所包含的实验项目设计将综合采用虚拟现实、软件模拟、流程仿真、角色扮演、O2O操练等多种手段，为培养具有分析力、创造力和领导力，适应经济社会发展需要的经济管理实践与创新创业人才提供更加"接地气"的丰富资源和"生于斯、长于斯"的充足养料。

本系列教材的编写团队具有丰富的实验教学经验和专业实践经历，一些成员还是来自相关行业和企业的实务专家。他们勤勉耕耘的治学精神和扎实深厚的执业功底必将为读者带来思想的启迪。希望读者能够从中受益。在此，我对编写团队付出的辛勤劳动表示衷心感谢。

毋庸讳言，编写经济管理类虚拟仿真实验教材是一种具有挑战性的开拓与尝试，加之虚拟仿真实验教学和实践本身还在不断地丰富与发展，因此，本系列实验教材必然存在一些不足甚至错误，恳请同行和读者批评指正。我们希望本系列教材能够推动我国经济管理虚拟仿真实验教学的创新发展，能对培养具有实践能力和创新创业精神的高素质人才尽绵薄之力！

重庆工商大学校长、教授

2018 年 1 月 15 日

前　言

　　早在 2010 年，教育部就颁发了《关于大力推进高等学校创新创业教育和大学生自主创业工作的意见》。2016 年，国家又颁布了《中共中央　国务院关于实施科技规划纲要增强自主创新能力的决定》。同时，又根据 2006 年印发的《国家中长期科学和技术发展规划纲要（2006—2020 年）》（以下简称《规划纲要》），要求增强自主创新能力，努力建设创新型国家。

　　我们根据国家相关文件精神，经过数年的实践教学探索与经验总结，编写了这本集创新思维训练启蒙与创新思维训练于一体的教材配套案例。本案例包括各个思维训练维度的原理、方法与实践训练。一是探索创新思维过程，揭示创新思维本质，培养学生的创新意识，讲清人人都能创新和事事都能创新原理性内容；二是对国内外已经有的创新思维方法进行梳理，在《创新思维训练教程》这本教材的基础上，增加了案例与思维游戏训练的内容，实战性地指导学生学习使用与掌握这些方法的训练性内容；三是指导学生有意识地运用创新思维进行选择、策划、创意、设计和解决实际生活中的问题，进而提升其学习、生活和工作质量的应用性内容。

　　全书共分为 11 章，其中 1~8 章是对各个思维训练点的基础知识的介绍，第九章中设计有 10 套配套思维训练题供师生训练。本书将游戏的元素、机制与创新思维训练方法、要点结合起来，发挥游戏激发动机、促进协作的优势，提高学生的科学探究等高阶思维能力，使游戏教学与学生个体探索性的娱乐创新活动融为一体，且具可操作性。本书编写采取"思维自测自检—知识点梳理—案例启发—游戏体验"四者结合的模式，介绍各类思维方法的基础知识点，使学生更加理解和熟悉基础知识点。

　　作为一本与创新思维训练配套的案例教材，无疑应该提倡创新、鼓励创新，甚至主张尽可能用创新的方法去分析和解决问题。当然，对当代社会的大多数问题而言，采用创新的方式去解决都是十分必要的，只是不能不顾实际约束条件而盲目追求创新，更不能为了创新而创新。本书由李虹编写第一章至第七章，艾熙编写第八章，李虹和艾熙共同编写第九章到第十一章。

目 录

第一章　创新思维概述

一、个性测试：果断

一个害羞或腼腆的人似乎是不可能成为人们公认的天才，大多数天才在关键的时候总是非常善于表现自己。现在，用下边的测试题评估你的果断力。

1. 如果有人插队，插在你的前边，你会？

（1）大声斥责他，直到他放弃。

（2）说："对不起，请排在后边。"

（3）默默忍受。

2. 如果一家商店的服务很差，你会？

（1）回家后给这家公司的 CEO 写信，向他诉说自己的全部遭遇。

（2）与售货员吵架。

（3）向自己的伙伴痛苦地倾诉，但是不投诉商店的员工。

3. 你取回要修补的东西，但是，回到家后你发现漏洞并没有补上，你会？

（1）给修理铺打电话，说明问题。

（2）自己补。

（3）来到修理铺，要求见经理。

4. 在书店里浏览图书的时候，你发现某个人写的书抄袭了你的作品，你会？

（1）不去管它，也许只是巧合。

（2）向律师咨询。

（3）与作者联系，让他给出解释。

5. 在一个拥挤的商场，你设法想引起售货员的注意，但是没有人理会，你会？

（1）恼羞成怒，气冲冲地离开。

（2）耐心等待，直到有人为你服务。

（3）小题大做，直到有人注意你。

6. 你去参加工作面试，你会？

（1）自信地说明你为什么是最佳人选。

（2）描述自己的资历，希望自己是最佳人选。

（3）看看候客厅里的其他选手，希望你没有打搅他们。

7. 你的孩子回到家里抱怨说他被老师骂了，你会？

（1）告诉他不要在意，一切都会过去的。

（2）要求与老师见面，澄清事实。

（3）告诉孩子他必须自己承受。

8. 你的邻居经常在晚上放很吵的音乐，你会？

（1）报警。

（2）去向他们抱怨。

（3）改善自己家的隔音条件。

9. 由于没有得到领导的重视，所以你没有晋升，你会？

（1）辞职。

（2）向领导说你应该晋升。

（3）努力工作，争取下一次做得更好。

10. 你需要加薪，你会？

（1）直接找领导，要求加薪。

（2）多做些工作，想得到领导的赏识。

（3）准备跳槽，找工资更高的工作。

11. 你感觉领导不欣赏你，你会？

（1）向同事抱怨，希望领导能够听到。

（2）要求职工评议。

（3）查看招聘广告，准备跳槽。

12. 在一次公开的会议上，你发现自己与发言人的意见完全相左，你会？

（1）离开会场。

（2）向坐在你身边的朋友小声说自己的反对意见。

（3）站起来，问一些尖刻的问题。

13. 你持反对态度的一个宗教派别的一些成员来到你家，你会？

（1）让他们走。

（2）邀请他们进屋，详细地说出你的反对意见。

（3）捐一些钱，摆脱他们。

14. 有人在挨家挨户地募捐善款，你已经支持了许多慈善活动，没有能力再捐款了，你会？

（1）说很抱歉，你现在没有零钱。

（2）诚实地说明你已经捐了很多了。

（3）不理会门铃的响声，让他们认为你不在家。

15. 一个朋友征求你对他刚买的衣服的看法，你会？

（1）老实地告诉他衣服不好看。

（2）岔开话题。

（3）明褒实贬，希望他能够领会你的看法。

16. 一位政治候选人来到你家，为即将到来的大选拉选票，你会？

（1）坦率地告诉他你不会投票给他。

（2）说你会投票给他（你对其他候选人也是这么说的）。

（3）和他讨论一些问题，说你以后再做决定。

17. 朋友们邀请你参与他们的一个剧目创作，但你怀疑这个剧目会很无聊，你会？

（1）去，尽力对它产生兴趣。

（2）表明这个剧目将会无聊，建议做些其他事情。

（3）临时找借口说不去。

18. 一个你觉得很有吸引力的人讲了一些你所不能认同的话，你会？

（1）什么也不说，你不想失去与他接触的机会。

（2）坚决主张自己的观点，希望能够赢得赞同。

（3）适度地抗议，但是在真正发生争论之前放弃。

19. 清晰地陈述自己的观点比迎合大众的口味重要吗？

（1）是。

（2）不。

（3）不确定。

20. 对于一个你有强烈感受的话题，为了息事宁人，你是否会保持沉默？

（1）很可能会。

（2）一定不会。

（3）也许会。

21. 你的丈母娘周末来到你家，开始挑剔你家的一切，你会？

（1）告诉她，如果她不喜欢，可以回她自己家去。

（2）不理会她，星期一就会好的。

（3）心平气和地说你们的生活方式非常适合你们。

22. 在一场体育比赛中，发现自己坐在一群竞争对手的支持者中间，你会？

（1）保持安静，把有自己队标志的东西藏起来。

（2）大声地为自己的队助威。

（3）与竞争对手的支持者们开玩笑，说自己是他们中的一员。

23. 酒吧里一个醉汉正在发表一些令人厌恶的种族歧视言论，你会？

（1）在麻烦到来之前赶快离开。

（2）试图就这个问题与他争论。

（3）大声地告诉他，说他是偏执狂。

24. 你看见一个警察非法停车，准备去干洗店取衣服，你会？

（1）上前控诉他。

（2）不理会他，你不想惹麻烦。

（3）给他的上司写信，正式投诉他。

25. 在一次学校家长会上，你强烈地感到自己应该发表一个不受欢迎的看法，你会？

（1）说出你的感受，不管它会得罪谁？

（2）保持沉默，因为你还得与这些人相处。

（3）会后给组委会写信，陈述你的看法。

得分

	1	2	3		1	2	3		1	2	3
1.	c	b	a	10.	c	b	a	19.	b	c	a
2.	c	b	a	11.	c	a	b	20.	a	c	b
3.	b	a	c	12.	a	b	c	21.	b	c	a
4.	a	b	c	13.	c	a	b	22.	a	b	c
5.	a	b	c	14.	c	a	b	23.	a	b	c
6.	c	b	a	15.	b	c	a	24.	b	c	a
7.	a	c	b	16.	b	c	a	25.	b	c	a
8.	c	a	b	17.	c	a	b				
9.	a	c	b	18.	a	c	b				

得分与评析

本测试最高分为 75 分。

◆70~75 分

你非常果断，让他人注意你的讲话，不存在任何困难。这不会使你成为天才，但是，如果让他人注意到你，至少你不会被冷落。你的直率很可能会得罪一些人；但是，如果你想加入天才的行列，你不能为这样的事情担忧，或者改变自己的想法。

◆65~74 分

你很果断，表达自己思想的时候通常不会遇到麻烦。然而，要想被接纳为天才，你可能需要付出更大的努力。进入天才的行列不是件容易的事，你需要聚集自己所有的能力，并果断行事。

◆45~64 分

你太拘谨了。要不凶悍起来，要不就忘掉做天才的梦想吧。没有人会拿你当回事。

◆44 分以下

你在开玩笑吗?

二、创新思维知识点巩固

(一) 创新思维的特性

创新思维是指以新颖、独创的方法解决问题的思维过程，通过这种思维能突破常规思维的界限，以超常规甚至反常规的方法、视角去思考问题，提出与众不同的解决方案，从而产生新颖的、独到的、有社会意义的思维成果。创新思维作为一种思维活动，既有一般思维的共同特点，又有不同于一般思维的独特之处。具体表现在以下几个方面：

1. 敏感性

人们通过各种器官直接感知客观世界，但要理性地认识客观世界，就需要敏感的思维。

2. 独创性

独创性指按照不同寻常的思路展开思维，达到标新立异的效果，体现个性。创造性成果必须具有新颖性，创造性思维的思路是独特的，不同于一般思维。

3. 流畅性

流畅性是指能够迅速产生大量设想，思维速度较快，反应敏捷，表达流畅。流畅性是对速度的一种评价，表现为计算流畅、词汇流畅、表达流畅、图形流畅等。

4. 灵活性

灵活性是指能够产生多种设想，通过多种途径展开想象，具有多回路、多渠道、四通八达的思维方式，生动灵活，体现无穷魅力。

5. 精确性

精确性就是能周密思考，精确地满足详尽要求的性质。随着科技的不断发展，客观事物的复杂性要求人们细心观察、周密思考。

6. 变通性

变通性指通过不同于常规的方式对已有事物重新定义或重新理解的性质，打破常规，克服思维障碍，找到突破口。

综上所述，敏感性、独创性、流畅性、灵活性、精确性和变通性是典型的创新思维所具备的基本特性。其中以流畅性、灵活性和独创性为主。然而，并非所有的创造性思维都具有上述全部特征，而是各有侧重，因人因事而异。因此，我们在评价创造性思维时应该全面衡量，不能苛求完美无缺。

（二）开发创新思维的策略

1. 好奇心

好奇心对原始创新是至关重要的，原始创新是不能够预料的，往往是在好奇心的推动下，才有创新的动力。好奇心是创造性人才的重要特征已是不争的事实。创造性的培养应该从小抓起，这已经成为学者们的共识。

著名科学家们都可以说具有好奇心。牛顿对一个苹果产生好奇心，于是发现了万有引力。瓦特对烧水壶上冒出的蒸汽也是十分好奇，最后改良了蒸汽机。爱因斯坦从小就比较孤僻，喜欢玩罗盘，有很强的好奇心。伽利略也是因看吊灯摇晃而发现了单摆。

2. 直觉和洞察力

为什么有许多人在大学时是高材生，但在科研上却做不出成绩，遇到复杂问题就一筹莫展？归根结底在于缺乏直觉和洞察力。国外的科学家评价一个人，最喜欢说的是某某人对科学有很好的感觉，也就是有可靠的直觉和洞察力。

这些能力不是靠学一门课程或读一些书就能获得的，最好的办法是让学生在实践和浓厚的创新气氛中自己"悟"出来。世界上的一流大学大都是研究型大学，通过教学与科研相结合，在学校里营造出浓厚的学术气氛，来促进学生创新素质的成长。这些学校都有许多学术大师，学生有机会与大师直接交流。通过交流容易产生火花，让学生产生对科学的直觉和洞察力。

3．注意力

要具备创新能力的一个要素是勤奋工作和集中注意力。勤奋是一个人有创造性地工作的前提，不勤奋的人什么事也做不好。勤奋必须以能集中注意力为前提，注意力集中的程度决定着思维的深度和广度。

爱因斯坦特别能集中注意力，他可以连续数小时完全集中注意力，而我们大多数人一次只能坚持几秒钟的注意力。

三、拓展阅读启发——中国 LED 在创新思维中再出发

21 世纪，LED 应用领域得到了前所未有的拓展，包括照明、显示屏、背光、仪器面板等。到了今天的互联网时代，LED 由于其半导体特性，在智能应用方面有得天独厚的优势。2015 年，中国 LED 主要从以下几个方面取得突破。

转：深圳某散热器公司，原做电脑散热器，转做 LED 照明产品散热装置，以国内市场为基础，逐步拓展到国际市场，短短几年时间，就做到国内最大。江苏某企业抓住转瞬即逝的机会，把用于 LED 的照明散热技术，延伸到用于笔记本电脑散热。

想：江苏某照明企业发明了一款风靡整个水晶灯光源市场的 LED 玉兰灯泡。这款灯的创意灵感来源于冰岛火山的喷发，当事人突发"奇想"，承载着"爱迪生"的精神，不断开发出金玉兰、白玉兰、明珠玉兰、小玉兰四大系列产品。

跟：一些传统照明企业很值得称道。比如国内的一家传统企业，在确定转型做 LED 照明之后，现在的 LED 照明产品已经达到 70%，O2O 更是有特色，无论是门店销售还是电商销售都做得风生水起。

变：比如常见的平板灯，以前一直是利用导光板技术将侧面光导向正面的"侧发光"式，而后转为光源发光方向与整灯出光方向一致的"直下式"平板灯。而且可以做到不用一颗螺丝，直接卡扣连接。LED 光源更是多样化，具有小功率、中功率、大功率，同时可设置高色温、低色温，以及变换出各种场景的"蓝天白云"式等。

加：四川成都的某照明企业，就是把"加"发挥得很好的一个例子。他们把景观照明、文化照明和功能性照明相结合，开发出独具特色的文化路灯。比如成都人民南路的玉兰灯俨然成为成都城市形象的窗口，北川的羌文化灯、西藏的传经灯……实现了文化和 LED 照明的创新融合。

搭：LED 是个筐，什么都往里边装。比如 LED 路灯就可以作为一个百搭的平台，赋予它更多的功能、个性化方案，但切忌"撞衫"。

玩：LED 是点光源，体积小、亮度高，可在红绿蓝三基色上变化各种颜色，再加上防水性、耐用性，给照明设计带来了无限的想象空间。玩转照明，带有时尚标记的 LED 照明，可以催生粉丝经济，比如小米的随手灯等，可以带来新的启迪。

连：连接是互联网时代的最大特点。德国宝马汽车公司，在 2014 年 11 月发布的路灯+充电桩（光与充电）系统，部署在德国慕尼黑宝马总部。Google 发布的 LED 隐形眼镜，可检查血糖量，为糖尿病人带来福音。LED 以其半导体的特性，成为未来智能生活的主角，一切皆可连接。

案例分析：

无论是企业还是个人，拥有创新思维无疑具有重要的实际意义。对于企业来说，可以获得丰厚的利润和巨大的发展空间；对于个人来说，可以磨炼毅力，获得发展的机遇。想要拥有创新思维，需要从不同的角度出发，全方位、立体化地扩展思维方式，突破固有思维的束缚，开创性地创新思维，大力推进事业的发展。

四、案例启发

（一）邮票的故事

1840年，英国首次正式发行邮票。最早的邮票跟现在的不一样。每枚邮票的四周没有齿孔，许多邮票连在一起，使用的时候，得用小刀裁开。1848年的一天，英国的发明家阿切尔到伦敦一家小酒馆喝酒。在发明家的身旁，一位先生左手拿着一张大邮票，右手在身上翻着什么。看样子，他是在找裁邮票的小刀。那位先生摸遍了身上所有的口袋，也没有找到小刀，只好向阿切尔求助："先生，您带小刀了吗？"阿切尔摇摇头说："对不起，我也没有带。"那个人想了想，从西服领带上取下一枚别针，在每枚邮票的连接处上都刺上小孔，邮票便很容易地被撕开了，而且撕得很整齐。阿切尔被那个人的举动吸引了。他想：要是有一台机器能给邮票打孔，不是很好吗？阿切尔开始对其进行研究。很快，邮票打孔机造出来了，用它打过孔的整张邮票，很容易一枚枚地撕开，使用的时候非常方便。邮政部门立即采用了这种机器，直到现在，世界各地仍然在使用邮票打孔机。与此相类似，后来很多单据、信件、胶带等都采用预设的方式，让我们的生活更方便。

（二）阳光闹钟

许多人都对闹钟痛恨无比，这是约恩·麦克纳利和尹恩·沃尔顿发明这种名为"阳光枕头"的原因。装有发光二极管的它不再利用刺耳的铃声把你唤醒，而是用晨曦般的光线把人从睡梦中唤醒。大约在你起床的40分钟前，这种枕头就开始模拟自然光逐渐发光，一点点变亮，让你感到外边的太阳正在向你招手。据研究认为，当眼皮接收到光芒时会刺激大脑，减少睡眠时间。与此同时，"无声闹钟"到了预定的时间时，便会慢慢发出光芒，房间将由黑暗到光照柔和再到明亮，直至将人唤醒。

五、创新思维游戏实战体验

1. 视觉效应

下列图形（如图1-1所示）哪一个与众不同？

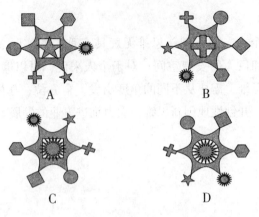

图 1-1

2. 食品规律

下列哪一个图形（如图 1-2 所示）可以填入问号处，使得图形完整？

图 1-2

3. 耀眼的钻石

请将这块钻石（如图 1-3 所示）分割成形状相同的 4 部分，要求每部分都包含下列 5 种符号中的 1 个。

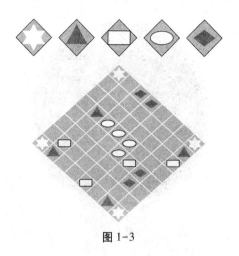

图1-3

4. 眉目传情

根据以下5张图（如图1-4所示）的递变规律，找出下一个图形应该是A、B、C、D、E中哪一个？

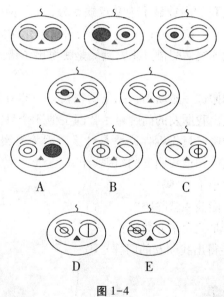

A　　　　　B　　　　　C

D　　　　　E

图1-4

5. 射击场竞赛

军队里的3个神枪手，普利森上校、艾米少校和法尔将军在射击场打靶（如图1-5所示）。打完后每个人拿着自己的靶纸，各说了下面的话。

上校普利森：我一共打了180环。比少校少40环，比将军多20环。

少校艾米：我不是打得最差的，我和将军间的环数相差60，将军打了240环。

将军法尔：我打的环数比上校少。上校打了200环，少校比上校少60环。

已知他们的话中都有一句是错的，你能得出他们各自的环数吗？

图 1-5

6. 城镇大钟

从我家的窗口往外看，可以看到镇上的大钟。每天我都要将壁炉架上的闹钟按照大钟上的时间校对一遍。通常情况下，两者的时间是一样的，但有一天早上，发生了一件奇怪的事情：一开始我的闹钟显示为9点缺5分；1分钟以后显示为9点缺4分；再过2分钟时，仍显示为9点缺4分；又过了1分钟，显示时间又变回9点缺5分。

一直到了9点整，我才突然醒悟过来，到底是哪里出了错。你知道是什么原因吗？

7. 寻房觅友

我朋友阿奇博尔德刚搬进一条新街，那条街很长，一共有82栋房子坐落其中，它们都依次编了号。为了找出我朋友的门牌号，我问了他3个只需要回答是或否的问题。关于他的回答，我暂时保密，只告诉你问题是什么。因为答案是唯一的，如果你能解决下边的3个问题，自然就知道我朋友的门牌号了。

问题一：你的门牌号小于41吗？

问题二：你的门牌号能被4整除吗？

问题三：你的门牌号是完全平方数吗？

如图1-6所示，你能得出我朋友的门牌号吗？

图 1-6

8. 俱乐部难题

网球俱乐部共有189名成员，其中男性成员140名。通过统计得知，8人加入时间不到3年，11人年龄小于20岁，70人戴眼镜。

现在请你估计加入时间不少于3年、年龄不小于20岁的戴眼镜的男性成员最少有几人。

9. 有章可循

在下列 4 个备选图案中（如图 1-7 所示），除了 3 个正方形的组合外，只有 1 个有和图例图案一样的特征。请试着找出该特征并选出符合该特征的图形。

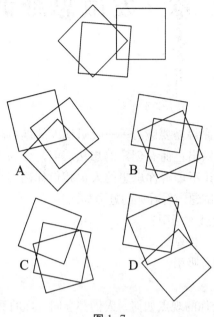

图 1-7

10. 钟面拼图

墙上的挂钟（如图 1-8 所示）掉在地上，摔成了 3 片。巧的是每 1 片碎片上的数字总和都相等。你能猜出每片碎片上的数字吗？

图 1-8

第二章 发散思维训练

一、个性测试：魅力

如果你想成为天才，你得需要魅力——吸引他人的魅力。为什么？它不影响你的工作质量，也不会为你提供出色而有创意的想法。但是作为天才，在很大程度上需要让人相信你是天才，如果让不理解你思想的人也相信你确实是一个天才，那么你就成功了。尝试回答下面的测试题，看看你的魅力如何。

1. 你是否感觉人们会被你吸引？

（1）是，有时那会是一件尴尬的事。

（2）不，没有人会被我吸引。

（3）我想会。

2. 你是否发现，无论你的观点如何，人们都会同意你的看法？

（1）不，从来没有。

（2）不是那么经常。

（3）总是如此。

3. 你会成为一个优秀的政治领导吗？

（1）是，无论我的政治方针如何，人们都会投票给我。

（2）不，即使我有全世界最好的方针政策，我也不会当选。

（3）我会是一个平庸的领导。

4. 你发现吸引追随者很容易吗？

（1）不，一点也不容易。

（2）不怎么容易。

（3）是，确实没有问题。

5. 你发现和你不太熟的人会向你敞开胸怀，详细地讲述他们的人生故事吗？

（1）偶尔会。

（2）从来没有。

（3）总是有，有时简直摆脱不掉。

6. 儿童和动物见到你后，会立即向你跑来吗？

（1）会，他们通常跑来咬我。

（2）会，因为我和他（它）们相处得还可以。

（3）会，我一直非常受儿童和宠物的欢迎。

7. 在火车上，陌生人会选择坐到你身边吗？

（1）常有的事。

（2）有时会。

（3）几乎没有。

8. 在大街上会有人走上前来向你问路吗？

（1）不常有。

（2）有时有。

（3）很经常的事。

9. 你是否感觉到人们会莫名其妙地躲着你？

（1）是，这让人很不舒服，我不知道是为什么。

（2）经常发生

（3）不，从来没有过。

10. 你的作品会吸引别人吗？

（1）是，经常会。

（2）根本不会。

（3）我想会有一些。

11. 仅仅凭借个人魅力你能够改变一群人的观点吗？

（1）我已经做过许多次。

（2）不，我需要付出更多的努力。

（3）我能够影响他们一点点，但是，我不能够使他们冲进巴士底狱。

12. 人们是否通常把你当领导？

（1）有时。

（2）从来没有。

（3）经常。

13. 即使没有什么实际的事有求于你，老朋友是否也经常与你联系？

（1）是，我仍然有许多很久以前的朋友。

（2）不，走后就被人家忘记了，这就是我。

（3）我有一些老朋友。

14. 人们倾向于爱上你吗？

（1）我想，通常会，

（2）是，总是有，我已经习惯了。

（3）不，那确实不是我的问题，太倒霉了。

15. 人们希望将你占为己有吗？

（1）不，从来不。

（2）不太经常。

（3）是，这确实是一个问题。

16. 你是否感觉自己对人们有一种超常的影响力？

（1）可能有时会。

（2）不，绝对没有。

（3）是，我已经怀疑自己是否真有这种影响力。

17. 你能够降服一群愤怒的暴徒吗？

（1）我会试一试，但是保证不了结果。

（2）我会被他们杀死。

（3）我能够做到。

18. 人们是否会因为是你提出的一个不寻常的思想而接受它？

（1）可能会吧。

（2）不，事实是，如果是我提出的话，情况会很糟糕。

（3）是，他们会。

19. 在公开讨论中，你是否发现自己很容易起到带头作用？

（1）不，一点也不容易。

（2）是，我始终带头。

（3）有时会。

20. 你会做跟随者吗？

（1）不，我总是做领导者。

（2）是，这符合我的个性。

（3）我会根据形势的变化或做领导或做跟随者。

21. 如果人们有求于你，你是否会害怕？

（1）不，我已经习惯了。

（2）这会稍微让我不安。

（3）我会十分恐慌。

22. 如果你不会成为天才，你会考虑从事演艺事业吗？

（1）我讨厌从事演艺事业

（2）这个想法确实很吸引我。

（3）我不知道，也许会喜欢吧。

23. 你发现引起他人的注意很刺激吗？

（1）是，当然很刺激了。

（2）不，这让我很尴尬。

（3）我已经非常习惯了，我几乎都麻木了。

24. 无论你的宗教信仰是什么，你有能力做传教士吗？

（1）我有这个能力，没有比这更容易的事了。

（2）我能，但是我不知道是否会成功。

（3）我不能，我没有这个能力。

25. 仅仅凭借个人魅力，你能够把东西推销出去吗？

（1）不能。

（2）我也许能够做得很好。

（3）根本没有问题，人们总是想讨好我。

得分

	1	2	3		1	2	3		1	2	3
1.	b	c	a	10.	b	c	a	19.	a	c	b
2.	a	b	c	11.	b	c	a	20.	b	c	a
3.	b	c	a	12.	b	a	c	21.	c	a	b
4.	a	b	c	13.	b	c	a	22.	a	c	b
5.	b	a	c	14.	c	a	b	23.	b	a	c
6.	a	b	c	15.	a	b	c	24.	a	b	a
7.	c	b	a	16.	b	a	c	25.	a	b	c
8.	a	b	c	17.	b	a	c				
9.	a	b	c	18.	b	a	c				

得分与评析

本测试最高分为 75 分。

◆70~75 分

你非常有魅力，你对他人的影响，无论是好还是坏，都非常强大。

◆65~74 分

你非常有魅力，能够轻松地让人相信你是天才，你有相当大的影响力。

◆45~64 分

你很讨人喜欢，人们会耐心地听取你的意见，但是，他们最终会根据事实做出自己的判断。

◆44 分以下

魅力确实不是你的强项，不是吗？

二、发散思维知识点巩固

(一) 发散思维的特性

发散思维就是对一个问题从多角度、多方位、多层次进行思考，从而得出多种不同的答案甚至是奇异答案的思维方式。

1. 思维的流畅性

思维的流畅性，就是在较短时间内，思维能够产生大量设想，并能够流畅地表达出产生的新想法。流畅性反映了发散思维的速度和数量特征。如词汇流畅性，就是在给定时间内（3 分钟或者 4 分钟内）尽可能多地写出包含某个特定结构的汉字。

2. 思维的变通性

思维的变通性，就是打破常规，突破头脑中固有的思维框架，按照某一个新的方向来思索可能出现结果的过程。变通性需要横向类比、跨界转化、触类旁通，比如中国古代的司马光砸缸、曹冲称象都是典型的突破思维框架的例子。

3. 思维的独特性

思维的独特性就是与众不同，提出异于寻常的新奇思想。创新必然具有新颖、独特、不同一般的特点，如报纸可以做门帘，还可以做衣架。

4. 多感官性

发散思维不仅要运用视觉思维、听觉思维，还需要充分运用其他感官接收信息并加工。发散思维与情感有关，如果能激发兴趣，产生激情，发散思维速度将会大大提高，效果会越来越好。

（二）开发发散思维的方法

发散思维的主要形式有横向思维、逆向思维、立体思维、平面思维、侧向思维、多路思维、组合思维等。开发发散思维也主要从以上这几个思维维度入手。

1. 横向思维

横向与纵向是相对的，一般而言，纵向思维是逻辑思维推理的过程。当纵向思维受阻，往往需要跳出原有的思维路线，横向寻找答案。最早提出横向思维概念的是英国学者博诺，他针对纵向思维的缺陷提出了与之互补的对立思维方法。横向思维一般不会太窄，且能够运用横向思维的人都善于举一反三。有人说横向思维就像河流一样，遇到宽广处，很自然就会蔓延开来，缺点是深度不够。

2. 逆向思维

从正面去寻找解决问题的方法和途径，这是常规的正向思维方法。如果从问题的反向去思考解决的方法和途径就叫"逆向思维"，也叫反向思维。要敢于"反其道而行之"，让思维向对立面的方向发展，把事物的位置颠倒过来进行思考，或从问题的相反面深入地进行探索，从而产生新的想法、新的创意。如说话声音高低能引起金属片相应的振动，相反，金属片的振动也可以引起声音高低的变换。因此，爱迪生在对电话的改进中，发明制造了世界第一台留声机。

一般人们习惯于沿着事物发展的正方向去思考问题并寻求解决问题的办法。其实，对于某些问题，尤其是一些特殊问题，倒过来思考，从求解回到已知条件，反过去想或许会使问题简单化。运用逆向思维去思考问题的结果往往会令人大吃一惊，另有所获。

3. 立体思维

立体思维是指在思考问题时跳出点、线、面的限制，进行立体式思维。如立体绿化：屋顶花园增加绿化面积，减少占地，改善环境，净化空气。立体农业：在玉米地里种绿豆，在高粱地里种花生等。立体森林：在高大乔木下种灌木，在灌木下种草，在草下种食用菌。立体思维是从宏观角度寻找微观层面问题的解决办法。

4. 平面思维

平面思维是指人的各种思维线条在平面上聚散交错。如一幅画，如果单纯地以笔和纸才能完成就是常规的思维方式，但如果把"画"放在一个平面上，将所有可以想象的名词联系起来，就会发现石头、头发、麦秆、金属、树叶、布料、沙子——都可以用来做成一幅画。这就是平面思维。在诸葛亮的思维中，"兵"不仅是指"人"，"水""火""草""木"皆是"兵"。

5. 侧向思维

侧向思维又称旁通思维，是指沿着正向思维旁侧开拓出新思路的一种创造性思维，即当正面进攻受阻时而采取迂回前进的方法。从侧面去思考，是在最不起眼的地方多做文章，这往往会有意想不到的效果。如 19 世纪末，法国园艺家莫尼哀从植物的盘根错节想到水泥加固的例子。当一个人为某一问题苦苦思索时，在大脑里形成一种优势灶，一旦受到其他事物的启发，就很容易与这个优势产生相联系的反应，从而解决问题。

6. 多路思维

所谓多路思维，是指对一个有多种答案的问题，朝着各种可能解决的方向，去发散性地思考问题的各种可能的答案。也就是解决问题时不要一条路走到黑，而是从多角度、多方面思考，这是发散思维最普通的形式（逆向、侧向、横向思维是其中的特殊形式）。现代心理学研究表明，人的大脑不仅具有同时学习和思考几个问题的功能，而且由于内容的更换或交替，还往往能够促进创造性思维的迸发，即灵感的产生。据心理学家测定，一个人在一段时间内平行研究或思考的问题，最多可以有 7 个。这当然要看所研究的问题的大小及一个人的知识面的宽窄程度。

7. 组合思维

组合就是将两个或两个以上的事物组合在一起，或者把多项貌似不相干的事物通过想象加以结合，从而使之变成彼此不可分割的新的整体。组合思维就是从某一事物出发，以此为发散点，尽可能多地与另一些事物结合成具有新价值（或附加值）的新事物的思维方式。美国加利福尼亚的一家小工厂，将小温度计与汤匙组合，取名"温度匙"，解决了婴儿洗澡测量温度的问题，即在给婴儿喂养时就能很方便地测出汤匙里液体的温度，大受母亲欢迎。日本的一位理发师将推剪和小吸尘器组合成一种新型理发工具，使剪下来的头发立刻被吸尘器吸走，减少清理碎头发的麻烦。在科学界、商业和其他行业都有大量的组合创造的实例。当然组合不是随心所欲拼凑，必须是遵循一定科学规律的有机的最佳组合。

三、拓展阅读启发——杯子的 N 种卖法

1. N1 种卖法

卖产品本身的使用价值，只能卖 3 元 1 个。如果你将它仅仅当作一只普通的杯子，放在普通的商店，用普通的销售方法，也许它最多只能卖 3 元钱，还可能遭遇领家小店老板娘的降价招客的暗招，这就是没有价值创新造成的悲惨结局。

2. N2 种卖法

卖产品的文化价值，可以卖 5 元 1 个。如果你将它设计成今年最流行款式的杯子，可以卖 5 元钱。隔壁小店老板娘降价招客的暗招估计也使不上了，因为你的杯子有文化，冲着这文化，消费者是愿意多掏钱的，这就是产品的文化价值的创新。

3. N3 种卖法

卖产品的品牌价值，就能卖 7 元 1 个。如果你将它贴上著名品牌的标签，它就能

卖出 6、7 元钱。隔壁店 "3 元 1 个" 叫得再响也没有用，因为你的杯子是有品牌的东西，几乎所有人都愿意为品牌付钱，这就是产品的品牌价值创新。

4. N4 种卖法

卖产品的组合价值，卖 15 元 1 个。如果将 3 个杯子全部制成卡通造型，组合成 1 个套装杯，用温馨、精美的家庭包装，起名叫 "我爱我家"，1 只叫 "父爱杯"，1 只叫 "母爱杯"，1 只叫 "童心杯"，卖 50 元 1 组也没有问题。隔壁店老板娘就是 "3 元 1 个" 喊破嗓子也没有用，小孩子会拉着妈妈去买你的 "我爱我家" 全家福，这就是产品组合的价值创新。

5. N5 种卖法

卖产品的延伸功能价值，卖 80 元 1 个绝对可以。如果你猛然发现这只杯子的材料竟然是磁性材料做的，并挖掘出它的磁性、保健功能，卖出 80 元 1 个绝对可以。这个时候，隔壁老板娘估计都不好意思卖 3 元 1 个，因为谁也不信 3 元能买到具有这些功能的杯子。

6. N6 种卖法

卖产品的细分市场价值，卖 188 元 1 对也不是不可以。如果你将那个具有磁疗保健功能的杯子印上十二生肖，并且准备好时尚的情侣套装礼盒，取名 "成双成对" 或 "天长地久"，针对过生日的情侣，卖 188 元/对，绝对会让为给对方买何种生日礼物而伤透脑筋的小年轻们付完钱后还不忘回头说声 "谢谢"，这就是产品的细分市场价值创新。

7. N7 种卖法

卖产品的包装价值，卖 288 元/对可能更火。应把具有保健功能的情侣生肖套装做成 3 种包装：第 1 种是实惠装，188 元/对；第 2 种是精美装，卖 238 元/对；第 3 种是豪华装，卖 288 元/对。可以肯定的是，最后卖得最火的肯定不是 188 元/对的实惠装，而是 238 元/对的精美装，这就是产品的包装价值创新。

8. N8 种卖法

卖产品的纪念价值，可卖 2 000 元/个。如果这个杯子被奥巴马等名人使用过，后来又被杨利伟不小心带到太空去使用，这样的杯子，可以卖 2 000 元 1 个，这就是产品的纪念价值创新。

广泛性不在于判断这个答案是否合理，而是追求速度与数量，若现在要你说出 20 种卖法，发散性思维会帮助你产生更广泛的想法。

四、案例启发

(一) 通过创新获得成功

日本一家公司对 3 位应聘市场策划职位的年轻人进行智力测试，将 3 人送到广岛，付给每人最低生活费 2 000 日元。考题是：在那儿待上一天，看看谁带回的钱多。

A 很聪明，花 500 元买了一副墨镜，除充饥的费用外，用余下的钱买了一把旧吉他。他来到繁华的广场上搞起了"盲人卖艺",于是,琴盒里的钱慢慢多了起来。

B更聪明,他花500元做了一个箱子,并写句广告语:"将原子弹赶出地球——纪念广岛灾难40年暨加快广岛建设大募捐"。余下的钱则雇请两位中小学生演讲,以招募围观者。结果,他吸引了很多募捐者。

C不知怎么想的,根本没有打算去挣钱。他找了个小餐馆,美美地吃了一餐,花去1 500日元,然后钻进一架废弃的汽车里,甜甜地睡了一觉。

傍晚时分,正当卖艺"盲人"和"募捐"小伙生意红火、心里得意的时候,眼前突然出现一位佩戴胸卡、戴袖章、挎手枪的大胡子管理人员。这位管理人员扯下"盲人"的墨镜,砸掉"募捐"的箱子,没收了他们的非法所得,还叫喊着要起诉他们犯了欺骗罪。

当狼狈不堪的A与B两手空空赶回公司时,已经迟到了。他们更没有想到的是,等待他们的居然是那位"管理员"。原来,C将余下的500日元买了胸卡、袖章、玩具手枪与化妆用的大胡子,假扮管理人员将A与B的钱给没收了。公司老板最后的评价是:A与B只会费力地开辟市场,C善于吃掉对手的市场。因此,C被录用了。

这则故事说明,当今时代,竞争靠的是智慧,而不仅仅是汗水。那么,智慧是什么呢?智慧其实就是一种分析判断、发明创造的创新能力,是敏锐机智、灵活精明的主观反映,是一个人充满活力的宝贵财富。在这个智慧不断升值的知识经济时代,一个人没有金钱并不可怕,没有地位也不可悲,而不善思考、缺乏智慧才是人生的缺憾。

创新能力是必须通过学习、教育、训练、实践、激励等培养出来的,主要包括如下内容:

(1)学:就是学习创新的基本知识,提高"自我表象",增强责任感,强化创新动机。

(2)练:就是在学习的过程中,勤学勤练,学以致用,学练结合。

(3)干:就是应用,就是实践,就是运用创新的思维、创新的技法,通过创新的活动,创造性地解决生活和社会中存在的各类问题。

(4)恒:就是将开展创新活动和提升人的创新能力作为一项长期战略而经常化、制度化。

也许,很多人都会认为自己天生比别人笨,没有天赋。其实,智慧是平凡的,聪明也不神秘,只要大家能够积极开拓思维,适应创新进取、优胜劣汰、以智慧谋生的时代主旋律,有意识地在生活中学习并培养创新的意识,智慧和聪明就会如同泉水一样绵绵不绝,从而营造一个拥有智慧的人生,创造超越他人的价值。

(二)咖啡的发现

1 000多年前,非洲埃塞俄比亚的凯夫小镇有个聪明的牧童,他对自己的羊了如指掌,羊也非常听他的话。有一天,他把羊群赶到了周围有一片灌木的草地上吃草。到了晚上,发生了奇怪的现象,羊不听话了。他费了很大劲才把羊赶进围栏。羊进栏后还是很兴奋地挤来挤去。第二天,他又把羊群赶到了那片草地上。他看到,羊除了吃青草外,还吃了灌木上的小白花、小浆果和叶子。到了晚上,他的羊和前一天一样不听指挥。

为了证明羊是吃了灌木叶和果实才出现了反常现象。第三天，他把羊赶到另一片草地上，只让羊吃草，当晚羊就恢复了正常。

问题出在灌木和果实上，小牧童拔了几棵灌木回家，他尝了下灌木毛茸茸的叶子，有点苦，又尝了果子，又苦又涩。他把果实放到火里烧一烧，发出了浓郁的香味，再把烧过的果实放在水里泡着喝，味道好极了。那一天晚上，小牧童也兴奋地一夜未眠。小牧童反复试验了几次，每次都得到了同样的结果。

于是，他把这种香喷喷的东西当作了饮料，招待镇上的人。此后，一种新的饮料诞生，这就是我们现在喜欢喝的咖啡，也就是非洲小镇"凯夫"的谐音。

分析牧童发现咖啡的过程，这些因素使他成功：第一，好奇心。我的羊怎么变得这样奇怪？第二，敏感性。羊是不是吃了灌木叶引起变化？第三，观察力。羊不仅吃了灌木叶，还吃了果实花朵。第四，联想。叶子和果实中有特殊的东西，人能不能吃？第五，探究。拔一些灌木回家看看是怎么回事。第六，冒险。我来尝尝。第七，进取心。有点苦，烧一烧会怎样？泡水喝是不是更好？第八，良好的心态、无私的品质。如果牧童自私一点，自己发现了东西自己享用，那么咖啡可能永远成不了饮料。

五、发散思维游戏实战体验

1. 来福枪打靶

3 位军人——A 上校、B 少校和 C 上尉在打靶场进行一场来福枪射击比赛。结果如图 2-1 所示，3 位军人每人各打了 6 枪，都得到 71 环的成绩。已知上校的首两枪得到 22 环，少校的第一枪只得了 3 环。你能猜出是谁射中了靶心吗？

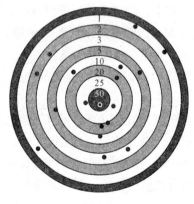

图 2-1

2. 手枪交易

波利·比尔和戴蒙·丹是做牛肉生意的。某一天，他们决定将手头养着的牛卖掉，改做羊毛生意。于是，两人将牛群拉到集市上，以这群牛的总数作为每头牛的单价开卖。卖完牛以后，他们用赚到的钱以每头 10 美元的价格买下了很多绵羊，最后剩下的零钱因为买不起一头绵羊，就买了一头山羊。

在回去的路上，两人急不可耐地开始平分他们今天的收获。当分到最后一头绵羊时，比尔说绵羊归他，山羊可以给丹。丹觉得不公平，因为绵羊比山羊贵。

比尔考虑一下，说："那好吧，我把我的左轮手枪给你作为补偿。"

据此你能否推断出一把左轮手枪价值多少钱？

3. 缺了什么

请问最上边的六边形中缺少的图案应该是下列 4 个选项（如图 2-2 所示）中的哪一个？

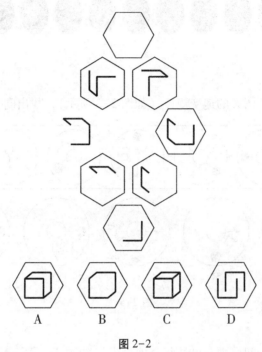

图 2-2

4. 金字塔阵

根据金字塔中的图形规律，"？"里的图形应该是下列 5 个选项（如图 2-3 所示）中的哪一个？

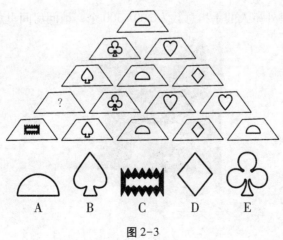

图 2-3

5. 18 棵树

一位园丁正打算替他的 18 棵待种的树挖坑（如图 2-4 所示）。在确定坑的具体方位时，他采用了每 5 坑连成一直线的方案。为了使这样的直线条数达到最多，他只有两种选择。你能替他的两种选择画出草图吗？

图 2-4

6. 万花筒

根据下边镜筒内的图案的递变规律（如图 2-5 所示），找出问号应选哪一个选项。

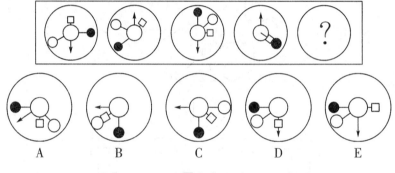

图 2-5

7. 外星人的手指

一群外星人聚在一间房中，已知每个外星人（如图 2-6 所示）的每一只手上，都有不止一个手指。他们每个人的手指总数一致；又已知任意一个外星人每只手上的手指数量也不相同。现在如果告诉你房间里外星人的手指总数，你就可以知道外星人一共有几个了。

假设这个房间里外星人的手指总数为 200~300 个，请问房间里总共有几个外星人？

图 2-6

8. 酒桶鉴酒师

一名葡萄酒商有 6 个酒桶（如图 2-7 所示），容量分别是 30 升、32 升、36 升、38 升、40 升和 62 升。其中 5 桶装着葡萄酒，1 桶装着啤酒。第一位顾客买走了两桶葡萄酒；第二位顾客买走的葡萄酒是第一位顾客的两倍。请问，哪一个桶装的是啤酒？

图 2-7

9. 三方块组

在下图的三方块体系中（如图 2-8 所示），还少了 1 块组合。请在下列 5 个选项中选 1 个，以使该体系完整。

图 2-8

10. 跳舞的圆圈

根据下面 3 幅图的递变规律（如图 2-9 所示），找出下一幅图应该是 A、B、C、D、E 中的哪一幅？

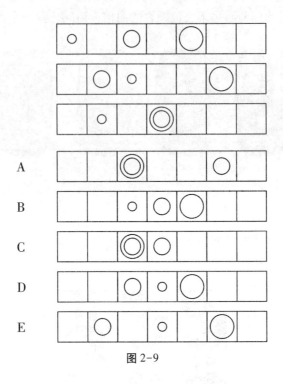

图 2-9

第三章　形象思维训练

一、个性测试：控制力

要想成为天才，你需要完全控制自己的生活。你是自己命运的主宰者，还是相信命运主宰着你？尝试下边的测试题，看看你的控制能力如何？

1. 你对自己所走的生活道路是否完全有信心？

（1）是，这是我想走的路，自然非常自信了。

（2）我有时担心自己所走的路是否正确。

（3）没有，我不知道自己将走向何方。

2. 你感觉自己是在自己生命的"驾驶座"上吗？

（1）不，我想我更是一名乘客。

（2）是，我多数时候能够控制自己的生活。

（3）是，我也不允许自己做副司机。

3. 你相信命运吗？

（1）我想是的。

（2）是，我非常相信有些事情是命中注定的。

（3）不，我不信。

4. 你的运气，你做主吗？

（1）不，我认为运气来自其他地方。

（2）是，我必须做主。

（3）不完全由我做主，但我会竭尽全力帮助自己。

5. 你愿意指挥一艘远洋轮船吗？

（1）我会恐惧的。

（2）我喜欢这个挑战。

（3）我愿意，但是我不确定自己是否有这个能力。

6. 你怎么看待这样的说法，即"你不可能与官僚主义作斗争"？

（1）一派胡言，我能与任何人斗争。

（2）这句话也许是对的。

（3）我认为，可以斗争，但始终赢不了。

7. 你在家里掌权吗？

（1）不，我的爱人当家。

（2）我们一家和睦相处，没有权利之争

（3）是的，我掌权。

8．作为一个下属，你会怎么样？

（1）经常换位思考，认真研究上级的性格和处事方法。

（2）主动毫无怨言地接受上级交给我的任务。

（3）有时会怀疑上级的决策。

9．你喜欢团队运动吗？

（1）是的，我喜欢建立友谊。

（2）我喜欢，但不怎么热衷。

（3）只有让我做队长的时候才喜欢。

10．你害怕责任吗？

（1）有一点。

（2）责任会是一件十分可怕的事。

（3）我需要有一种掌控一切的感觉。

11．对于青少年犯罪，你倾向于指责社会吗？

（1）在某种程度上会。

（2）是，我认为年轻人误入歧途是因为缺失社会价值观。

（3）人们应该为自己负责，没有人让你成为罪犯。

12．你愿意做自己的老板吗？

（1）不，风险太大了。

（2）我愿意，但是有点胆怯。

（3）我愿意，因为我不能为别人打工。

13．你愿意成为一个团体的一员吗，例如参军？

（1）是，我喜欢融入团队。

（2）不，我忍受不了"团队精神"这种东西。

（3）我不会太介意。

14．你认为人们应该完全对自己的生活负责吗？

（1）这对我来说似乎太刻薄。

（2）也许吧，但有时需要一点点帮助。

（3）是，否则你怎么生活？

15．你是否在生病的时候也讨厌放弃控制权？

（1）放弃控制权会让我发疯。

（2）不，我非常喜欢没有责任的生活。

（3）我愿意放弃一会儿。

16．是否有的时候你会感到生活是在与你作对？

（1）不常有这种感觉。

（2）是，我经常有这种感觉。

（3）根本不会，我掌握着自己的生活。

17. 你相信我们有空闲时间吗？

（1）我不知道。

（2）相信。

（3）不相信。

18. 你是否给自己算命？

（1）是，只是算着玩。

（2）是，我把它看作是很严肃的事。

（3）不，我认为那是胡说八道。

19. 你认为命运是注定的吗？

（1）当然不是。

（2）也许吧。

（3）是，我认为有些事情是我们不能够改变的。

20. 你是否曾经感觉到需要神的帮助？

（1）总是如此。

（2）我相信上帝真的是在帮助我们。

（3）不，我自己可以解决问题。

21. 你对自己完全有信心吗？

（1）是，不相信自己，我还能相信谁？

（2）多数时候。

（3）不，我经常怀疑自己。

22. 你确定掌控着自己的生活吗？

（1）十分确定。

（2）我希望这样。

（3）我一点也不确定。

23. 你相信政府有能力控制你的生活吗？

（1）不信，我绝对不需要他们控制。

（2）是的，当然相信，他们毕竟是我们选举出来的。

（3）总的来说，我很高兴让他们控制。

24. 你始终最懂自己？

（1）关于我的生活，我当然最懂了。

（2）我愿意接纳一切建议。

（3）我经常需要有人告诉我做什么。

25. 你是自己人生轮船的船长吗？

（1）是的，并且我不允许有任何水手叛乱。

（2）大多数时间是。

（3）不，似乎是他人在指挥我的船。

得分

	1	2	3		1	2	3		1	2	3
1.	c	b	a	10.	b	a	c	19.	c	b	a
2.	a	b	c	11.	b	a	c	20.	a	b	c
3.	b	a	c	12.	a	b	c	21.	c	b	a
4.	a	c	b	13.	a	c	b	22.	c	b	a
5.	a	c	b	14.	a	b	c	23.	b	c	a
6.	b	c	a	15.	b	a	c	24.	c	b	a
7.	a	b	c	16.	b	a	c	25.	c	b	a
8.	b	c	a	17.	b	a	c				
9.	a	b	c	18.	b	a	c				

得分与评析

本测试最高分为 75 分。

◆70~75 分

你是一个非常自主的人，这将在你成为天才的旅程中起到很大的作用。他人也许会觉得你很冷漠，而且有一点专横；但是，大部分时间，他们会因为你的负责人而感激你。无论怎样，你都不会在意的，你只是作为一个最好的向导一直向前。

◆65~74 分

你对自己的生活掌握得非常好。你不会相信运气、命运或政府。但是你明白，无论你有多么渴望，你不可能总是控制一切。

◆45~64 分

你确实不太能够控制你的生活，你太依赖于外界的帮助，因此不适合进入天才的行列。

◆44 分以下

你的生活似乎是被另一个星球控制着，也许是另一个星系吧。

二、形象思维知识点巩固

（一）形象思维的特性

形象思维观点最初是由俄国著名文学家、批判学家别林斯基提出的，他主张"寓于形象的思维""用形象来思考"。形象思维至今尚无统一的定义，但是通俗来说，形象思维是指通过直观、具体、感性的形象来反映和把握事物，并解决问题的思维活动。

1. 普遍性

根据儿童心理学研究表明，3 岁以前的儿童主要是直观性动作思维，4~7 岁的儿童基本上是直观性形象思维，是概念、判断、推理行为的理论思维，要在 7 岁以后才能正常进行。从语言上看，幼儿最初掌握的词很具体，但概括性不强，幼儿总是先掌握苹果、梨、香蕉等具体名词，然后才逐渐掌握"水果"等表达一般意义的名词。这也表明了人类在其童年期是形象思维，形象思维具有普遍性。普遍性是指形象思维存在于一切实践主体的思维活动中。形象思维是人类最基本、最普遍的思维方式。

2. 形象性

形象性是形象思维最基本的特点。形象思维所反映的对象是客观事物的形象，这是思维的原料。形象思维是从事物的表象感知、认知到概括为反映事物本质特征的意象，其思维过程表现为形象感受、形象储存、形象描述、想象识别、形象创造，其表达的工具和手段是能够为感官所感知的图形、图像、图式和形象性的符号。形象思维的形象性使它具有生动性、直观性和整体性的优点。

3. 思想性

思想性是指人们的思维活动不仅直观地反映对象，还进一步包含人们对于对象的审美态度和价值观念，不同的世界观、不同的人生态度，往往会使得同一形象的思维活动沿着不同的方向进行，并最终形成不同的形象。

4. 创新性

创新性是人们不满足于对已有形象的再现，致力于追求对已有的形象的加工、改造，创造出新的形象。想象是思维主体运用已经有的形象，形成新形象的过程。

5. 非逻辑性

形象思维不像逻辑思维那样，对信息的加工一步一步、首尾相接、线性地进行，而是可以运用多种形象材料，一下子合在一起形成新的形象，或由一个形象跳跃到另一个形象。它对信息的加工过程不是系列加工，而是平行加工，是平面性的或者立体性的。它可以使思维主体迅速从整体上把握问题。形象思维是或然性或似真性的思维，思维的结果有待于逻辑的证明或实践的检验。

6. 粗略性

形象思维对问题的反映是粗线条的反映，对问题的把握是大体上的把握，对问题的分析是定性的或半定量的。所以，形象思维通常运用问题的定性分析。

（二）开发形象思维的方法

1. 注重观察，累积形象材料

形象思维在于将事物表象的多样性储存在大脑中。头脑中的表象越多，不仅能够促进右脑的活动，也为形象思维提供丰富的原料。如何才能丰富自己的形象原料？在日常生活、娱乐活动、看电视、欣赏音乐、学习活动、参观、旅游、家务和社会实践活动中，要不断提高自己的观察力，尽量扩大对自然和人类活动中事物形象的掌握，有意识地观察事物形象，广泛积累表象材料，丰富表象储备。丰富的表象储存无论对形象思维还是抽象思维都有帮助。

2. 积极开展联想和想象活动

假如把象棋和事物联系起来会想到什么？鞋可以吃吗？如果经常开展想象力丰富且生动的联想和想象活动，上述问题也就很好联想了。要把看到的不同事物联系起来需要不断练习。想象力是创新思维的重要品质，它能使我们超越已有的知识和经验，使思维插上翅膀，达到一个新的境界。我们不仅不能束缚自己的想象，更需要有丰富的联想能力。你想过把飞机折叠起来吗？日本长野县一家公司，就想象着把直升飞机像折叠产品一样折叠起来。因此，开始投入研发，并研制成功折叠直升机，折叠后放入汽车行李箱中。这种飞机只销往美国，销售价格 2.5 万美元。

想象思维与联想思维可以互为起点，即想象思维可以在联想到的事物之间展开，同时想象思维所获得的结果又可以引起新的联想。

三、拓展阅读启发——伽利略的"力学第一定律"

亚里士多德是古希腊的著名学者。他曾断言：当推动物体的外力停止作用时，原来运动的物体便归于静止。也就是说，物体的运动需要依靠外力来维持。许多人不假思索地同意亚里士多德的观点。著名的意大利物理学家伽利略是第一个公开怀疑亚里士多德以上论断的学者。他没有单凭直观经验去体会亚里士多德的论断，而是运用了一种巧妙的思考方法加以研究和分析。伽利略注意到，一个小球沿着第一个斜面滚下来，再滚上第二个斜面，而这个小球在第二个斜面上所达到的高度，同它在第一个斜面上开始滚下时的高度相差很小。这个差距是由摩擦产生的阻力造成的。斜面越光滑，摩擦力越小，这个差距也就越小。于是伽利略想：在没有摩擦力（或摩擦产生的阻力为零）的情况下，不管第二个斜面的倾斜度是多少，小球在第二个斜面的高度总会和在第一个斜面上的高度相同。接着，他又进一步想象：假若第二个斜面变成可以无限延伸的水平面，那么小球从第一个斜面上滚下来后，将沿着平面永远运动下去。通过这种巧妙思考，伽利略得出一个全新的结论：一个运动着的物体在不受外力的作用时，将保持原有的运动状态，维持匀速直线运动。他的这一论点打破亚里士多德被世人公认了 2 000 多年的观点。后来，物理学家牛顿将伽利略的这一结论进一步总结为力学第一定律，即惯性定律。

四、案例启发

（一）一场奇特的诉讼

1968 年，美国内华达州一位叫伊迪斯的 3 岁小女孩告诉妈妈，她认识礼品盒上"POEN"的第一个字母"O"。这位妈妈非常吃惊，问她怎么认识的，伊迪斯说："是薇拉小姐教的"。

这位母亲表扬了女儿之后，一纸诉状把薇拉小姐所在的劳拉三世幼儿园告上了法庭。因为她认为女儿在认识"O"之前，能把"O"说成苹果、太阳、足球、鸟蛋之类的圆形东西，然而自从劳拉三世幼儿园教她识读了 26 个字母，伊迪斯便失去了这种能力。她要求幼儿园对这种后果负责，赔偿伊迪斯精神伤残费 1 000 万美元。

诉状递上去之后，在内华达州立刻掀起轩然大波。劳拉三世幼儿园认为这位母亲疯了，一些家长也认为她有点小题大做，她的律师也不赞同她的作为，认为这场官司是浪费精力。然而，这位母亲坚持要把这场官司打下去，哪怕倾家荡产。

3个月以后，此案在内华达州立法院开庭。最后的结果出乎人意料：劳拉三世幼儿园败诉，因为陪审团的23名成员被这位母亲在辩护时讲的一个故事感动了。

她说："我曾到东方某个国家旅行，在一个公园里见过两只天鹅，一只被剪去了左边的翅膀，一只完好无损。剪去翅膀的被放养在一片较大的水塘里，完好的一只被放养在一片较小的水塘里。我非常不解，就请教那里的管理人员。他们说，这样能防止它们逃跑。我问为什么？他们解释，剪去一边翅膀的无法保持身体平衡，飞起来后就会掉下来；在小水塘里的，虽然没被剪去翅膀，但是起飞时会因没有必要的滑翔路程，而老实地待在水里。当时我非常震惊，震惊于东方人的聪敏。可是我也感到非常悲哀，为两只天鹅感到悲哀。今天，我为我的女儿的事来打这场官司，是因为我感到伊迪斯变成了劳拉三世幼儿园的一只天鹅。他们剪掉了伊迪斯的一只翅膀，一只想象的翅膀，人们早早地就把她投进了那片小水塘，那片只有 ABC 的小水塘。"

这段辩护词后来成了内华达州修改"公民教育保护法"的依据。现在美国"公民权法"规定，幼儿在学校拥有玩的权利。这项权利的列入是否起因于那位母亲的官司，不得而知。不过，有一点美国人非常清楚，这一规定使美国在科技方面始终走在了世界的前列，也使美国出现了比其他国家多得多的年轻的百万富翁。

（二）旱冰鞋的产生

英国有个叫吉姆的小职员，成天坐在办公室里抄写东西，常常累到腰酸背痛。他消除疲劳的最好办法，就是在工作之余去滑冰。冬季很容易就能在室外找个滑冰的地方，而在其他季节，吉姆就没有机会滑冰了。怎样才能在其他季节也能像冬季那样滑冰呢？对滑冰情有独钟的吉姆一直在思考这个问题。想来想去，他想到了脚上穿的鞋和能滑行的轮子。吉姆在脑海里把这两样东西形象地组合在一起，想象出了一种"能滑行的鞋"。经过反复设计和实验，他终于制成了四季都能用的"旱冰鞋"。组合想象思维法从头脑中某些客观存在的事物形象中，分别抽出它们的一些组成部分或因素，根据需要做一定的改变后，再将这些抽取的部分或因素，构成具有自己的结构、性质、功能与特征的能独立存在的特定事物形象。

五、形象思维游戏实战体验

1. 金字塔的线索

根据图 3-1 金字塔图提供的线索，"？"处的图形应该是下列 5 项中的哪一个？

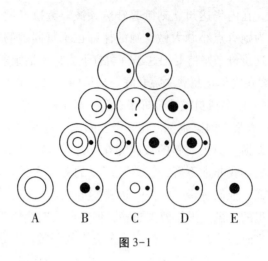

图 3-1

2. 长筒袜

一位女士的抽屉里共有43双长筒袜，其中21双是蓝色的，8双是黑色的，还有14双是带条纹的。碰巧她房间里的灯泡坏了，看不清楚抽屉里袜子的颜色。

假设现在她想每种颜色各拿一双，那么至少要拿多少只长筒袜？

3. 买吃的

在一家商店里，孩子们可以买炸土豆条、糖果和汽水，只买糖果的孩子比只买炸土豆条的孩子多2人，有37个孩子没有买糖果。买炸土豆条和汽水但没有买糖果的孩子比只买糖果的孩子多2人。总共有60个孩子买汽水，但其中只有9个孩子买汽水，12个孩子只买炸土豆条。只买糖果的孩子比买糖果和汽水的孩子多1人。买炸土豆条和糖果，但没有买汽水的孩子比买炸土豆条和汽水但没有买糖果的孩子多3人。请问：

（1）多少孩子3样东西都买？

（2）多少孩子买炸土豆条和糖果，但没买汽水？

（3）多少孩子买炸土豆条和汽水，但没有买糖果？

（4）多少孩子来到这家商店？

（5）多少孩子没有买炸土豆条？

（6）多少孩子只买糖果？

4. 时钟在变化

如图 3-2 所示，问号处应该填写什么？

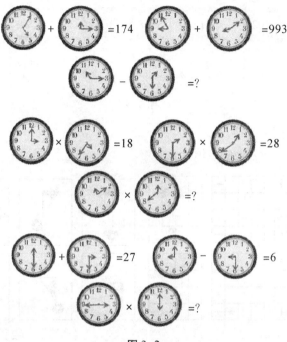

图 3-2

5. 圆圈串

在下边的每个问题中，前 3 串的数值已经给出（如图 3-3 所示），请计算出最后一串的数值。黑色、白色和灰色圆圈所代表的数值不同。

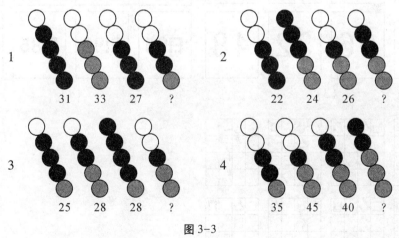

图 3-3

6. 按键上的数字

如图 3-4 所示，问号处应该填写什么？

图 3-4

7. 奇形怪状的图形变换

如图 3-5 所示，问号处应该填什么？

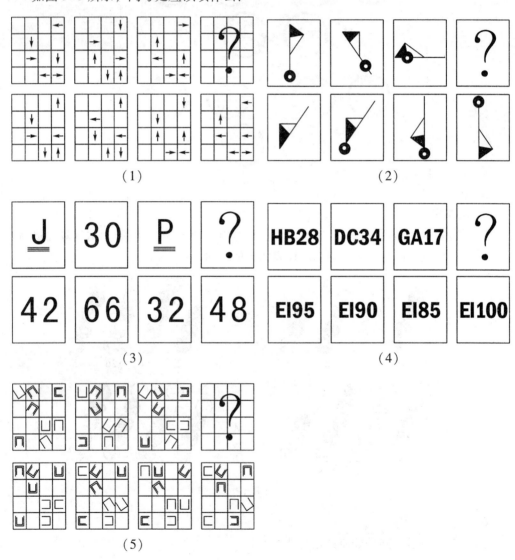

（1）　　　　　　　　　　　　（2）

（3）　　　　　　　　　　　　（4）

（5）

图 3-5

8. 摸彩球

在一个袋子里装有 4 个球（如图 3-6 所示）：1 个黑色、1 个白色、2 个红色。现有一人从中随机地取出 2 个球。在看过取出来的球之后，他说道："我摸的球中有一个是红色。"请问他摸出的另一个球也为红色的概率是多少？

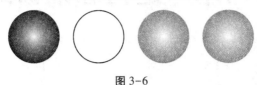

图 3-6

9. 船夫的问题

一个人把 5 个孩子留给船夫，并且告诉他必须用最少次数的摆渡把 5 个孩子都带到河的对岸，最终每个孩子都有相同次数的单程旅行。这些孩子的年龄各不相同。每次船夫只能带最多两个孩子加上他自己过河。年龄相邻的任何一对孩子都不能在船夫不在的情况下被留在岸上。只有船夫能够划船。请问需要摆渡多少次？顺序是怎样的？

10. 满满的一桶葡萄酒

一艘轮船失事之后，一桶葡萄酒杯冲到了岸边，卡在了岸边的岩石上，但不太牢靠。岛上唯一的居民仅仅有一个橡皮塞瓶子，塞子正好塞住桶顶端的一个洞（如图 3-7 所示）。他还有源源不断的淡水可饮用。他搬不动酒桶，也不能把酒桶打破，因为害怕其中的葡萄酒流出。如果不允许把水灌进桶，而且他也不希望弄脏葡萄酒，那么他怎样才能把葡萄酒灌进瓶子里？

桶顶端的洞

图 3-7

第四章　逆向思维训练

一、个性测试：决心

要想成为天才，你需要有相当大的决心。你会遇到无数的困难，必须将其全部克服。尝试下边的测试题，看看你的决心如何。

1. 你会对一个问题的解答持否定态度吗？

（1）不会，我会尽量理解。

（2）会，我经常没法理解。

（3）我设法不，但有时是难免的。

2. 你有明确的生活目标吗？

（1）当然有了，我每时每刻都在考虑。

（2）没有，我不怎么考虑这个问题。

（3）有，我想我有。

3. 你总能实现自己的抱负吗？

（1）只是有时能。

（2）是的，我从来没有失败过。

（3）不，通常我会陷入困境。

4. 你感觉自己的问题通常能够解决吗？

（1）是，总有办法的。

（2）通常都有解决办法。

（3）有些问题解决不了。

5. 你是否经常对生活不抱什么希望？

（1）从来没有，那不是我的生活态度。

（2）有时候麻烦事确实太多。

（3）是的，我多数时间都有那种感觉。

6. 你是否会允许他人妨碍你做想做的事情？

（1）我想有时是没办法的事。

（2）你，我决不允许。

（3）常有的事。

7. 批评会阻止你走自己选的道路吗？

（1）根本不会。

（2）有时会。

（3）会，我发现它让我大大受挫。

8. 你有远大的抱负吗？

（1）根本没有。

（2）有一点点。

（3）有，抱负对于我的生活很重要。

9. 你对自己想成就的东西非常清楚吗？

（1）不完全清楚。

（2）我有一些想法，但时常改变主意。

（3）是，我完全清楚。

10. 如果有必要，为了给自己的计划筹集资金，你会做一些不体面的工作吗？

（1）不会，我认为我做不了。

（2）会，我当然会。

（3）也许我会，但我不会太喜欢做。

11. 你能够忍受傻子的打扰吗？

（1）能够，我确实非常有耐心。

（2）有时能够。

（3）不能够。

12. 你认为自己的工作比他人的问题重要得多吗？

（1）不，我认为这太傲慢了。

（2）是，我有时这么认为。

（3）我肯定这么认为。

13. 你是否会考虑放弃自己的计划，做些其他不太费神的事情？

（1）我想我可能会。

（2）是，我确实考虑过。

（3）不会，我不会放弃。

14. 如果你病得非常严重，你是否仍然会努力完成工作？

（1）是，工作到我剩下最后一口气。

（2）不，我更愿意与家人一起度过。

（3）也许会，但要看一些其他因素。

15. 你会让家人和朋友插在你和工作之间吗？

（1）绝对不会。

（2）会，在某种程度上会。

（3）会，我是个非常顾家的人。

16. 为了完成你自己计划的工作，你会做出一些个人的牺牲吗？

（1）不，我想不会。

（2）是，但必须要有限度。

（3）我可以付出任何代价。

17. 你会受到诸如个人享受这种问题的影响吗？

（1）不会，我从来没有想过这样的问题。

（2）会，我需要舒舒服服的，才能好好工作。

（3）我需要适度的享受，但是如果需要，我也可以将就着过。

18. 你愿意经常为了赶任务而不睡觉吗？

（1）不，我不能那样做。

（2）是，那只是一个小小的牺牲。

（3）可能会，短时间之内吧。

19. 如果把性情分为 10 个等级（1＝随和，10＝残忍），你会把自己划分为哪个等级？

（1）1～3。

（2）4～6。

（3）7～10。

20. 你认为他人会把你看作是一个有决心的人吗？

（1）当然了。

（2）也许吧。

（3）可能不会。

21. 你会让工作占据自己大部分睡眠时间吗？

（1）是，我很少考虑其他事情。

（2）我工作很努力，但不是所有的时间都如此。

（3）不，我不会干那么多。

22. 如果把工作的重要性分成 10 个等级（1＝一点也不重要，10＝几乎和呼吸一样重要），你认为工作对你的重要程度如何？

（1）1～3。

（2）4～6。

（3）7～10。

23. 你会因为生活中小小的挫折而忧虑吗？

（1）是，他们都快把我弄疯了。

（2）有时我会很烦躁。

（3）不，我不会为他们担忧的。

24. 你希望他人明白你工作的重要性吗？

（1）不，当然不会。

（2）是，一定会。

（3）有时这是必要的。

25. 你感觉他人的问题占用你的宝贵时间了吗？

（1）是，这让我很愤怒。

（2）不，我从来不介意。

（3）如果很忙的话，它会让我很讨厌。

得分

	1	2	3		1	2	3		1	2	3
1.	b	c	a	10.	a	c	b	19.	a	b	c
2.	b	c	a	11.	a	b	c	20.	c	b	a
3.	c	a	b	12.	a	b	c	21.	c	b	a
4.	c	b	a	13.	b	a	c	22.	a	b	c
5.	c	b	a	14.	b	c	a	23.	c	a	b
6.	c	a	b	15.	c	b	a	24.	a	c	b
7.	c	b	a	16.	a	b	c	25.	b	c	a
8.	a	b	c	17.	b	c	a				
9.	a	b	c	18.	a	c	b				

得分与评析

本测试最高分为75分。

◆70~75分

你的决心如此之大，真让人害怕。你表现得冷酷无情，也许有助于你成功，但是会让你缺少朋友。然而，天才有需要朋友的时候？对于你来说，工作就是一切。

◆65~74分

你的决心很大，而且对你自己也很苛刻。你对工作之外的事情并不是完全不关心，但只是感觉很难有时间来考虑他们。

◆45~64分

你非常苛刻，但也懂得在自己生活中为他人留出一点余地的必要性，你的性格中有柔弱的一面，这使得人们感觉你有吸引力。然而，你也许没有达到天才高度的推动力。

◆44分以下

是不是你没有认真对待这个测试？祝你愉快！你不是一个天才。

二、逆向思维知识点巩固

（一）逆向思维的特性

逆向思维是指对似乎已成定论、司空见惯的事物或者观点，从反面提出问题、分析问题、解决问题的一种思维方式。逆向思维往往能够突破常规的束缚，产生出奇制胜的效果。需要注意的是，逆向思维并不是主张人们在思考时违背常规，不受限制地胡思乱想，而是一种小概率思维模式，即在思维活动中关注小概率可能性的思维。

1. 普遍性

普遍性，即逆向思维的运用普遍地存在于人们的学习、生活、工作中。任何事物都具有正反两个方面，因而逆向思维在不同的领域、各种活动中都具有适用性。思维实践证明，人们已经在各个领域和不同活动中运用着逆向思维。

2. 逆向性

逆向思维具有逆向性，即逆向思维与常规思维处于相反的位置。

3. 新颖性

新颖性指逆向思维是一种打破常规，通过新颖、特殊的方法或思维解决问题的思维方式。循规蹈矩的思维和传统方式解决问题，虽然简单，但往往只能得到一些司空见惯的答案。逆向思维跳出传统的思维框架，结果往往出人意料，给人耳目一新的感觉。

（二）开发逆向思维的方法

1. 反向思维

反向思维即直接质疑普遍接受的信念或做法等，查看它的反面是什么，若是事物的对立面合理，则直接朝着事物对立面发展。

通常，在以下情况下可以进行反向思维：

（1）考虑要做某些相反的事情；

（2）考虑用其对立面来考虑某物；

（3）如果意识到别人是错误的，而你是正确的，但你仍然认为对方错误的观点中有值得肯定的地方。

2. 对比思维

对比思维即人们在思考时，同时也在大脑中构想或引入事物的正反两个方面，并使它们同时存在于大脑里，思考它们之间的关系，对相似之处、正与反、相互作用等进行综合、比较、分析，然后创造出新事物。

3. 正反综合思维

正反综合思维即观察思考一种观念或做法，再对其反面进行思考和挖掘，然后将其反面容纳于原本的观念或做法之中，将两者融合成第三种观念，即变成一种新的独立的观念。这种思维进行的过程往往需要 3 个连续的步骤，即论题、反题以及合题。

三、拓展阅读启发——蒙牛成名之路："先建市场，再建工厂"

1999 年，蒙牛公司注册 5 个月后，牛根生筹集到一千多万元资金。如果按照一般企业的发展思路，首先建厂房，购买设备，生产产品。然后打广告，做促销，产品有了知名度，才能有市场。牛根生一算，如果这么去做，这笔钱恐怕连建厂房、购买设备都不够。等产品出来了，黄花菜都凉了，哪里还有钱去开发市场？牛根生认为要打破一般企业的常规成长之路，他提出"先建市场、再建工厂"的理念。

有了这个理念，牛根生和他的团队就开始操作并实施他们的计划了。牛根生先用三百多万元在呼和浩特市进行广告宣传，因为呼和浩特城市不太大，三百多万元足以形成铺天盖地的广告效应。几乎在一夜之间，许多人都知道了"蒙牛"。

牛奶业是传统行业，对资源和资本的依赖性比较强，如果按照常规思路，蒙牛想要发展将困难重重。但牛根生却运用高超的经营经验和企业运作方式，成就了今天的蒙牛公司，他靠的就是独特的思维方式。"先建市场，后建工厂"是牛根生充分运用逆向思维的成果。先创品牌，营造自己的市场环境，再投入生产，这就是常满智慧和经验的思维模式。

四、案例启发

（一）水对消除灰尘作用不大——无水清洁用品推出

保洁公司的无水清洁产品的推出就是因"水对消除尘土不起作用"这一发现而推出的新产品。受保洁公司委托，Continuum 咨询公司研究人员观察如何清洁地板，并手动体验。观察和试验结果很明显，人们都觉得拖地是一件很无趣的家务，但同时又发现了一个意外，那就是：水并不能有效地消除灰尘。然后他们问自己："这是什么原因？"通过这个问题，他们发现人们的期望与现实是有差距的，即拖布的实际作用与人们想象中不同：水对消除灰尘没有作用，反而经常会将灰尘溅得到处都是。由于静电的作用，灰尘会被吸附在干燥的拖布上。消费者需要的不是可以与水能更好协作的拖布，而是希望能将地板擦干净。这个结论揭示了消费者需求与实际产品之间的差距，从而开发出无水清洁用品的商机。保洁公司开发的无水清洁用品 Swiffer 品牌每年给保洁公司带来了超过 5 亿美元的收入。

（二）"受伤"的苹果

詹姆士是美国新墨西哥高原经营果园的一名果农，每年他都用邮递的方式把成箱的苹果零售给顾客。有一年冬天，新墨西哥高原降下了一场罕见的大冰雹，一个个色彩鲜艳的大苹果被打得伤痕累累，詹姆士心疼极了，心想：是冒着退货的危险，还是干脆退还顾客订金呢？他越想越懊恼，歇斯底里地抓起一个受伤的苹果拼命地咬。忽然，他发觉这个苹果比以前的更甜更脆，汁多味美，但是外观的确非常难看。这是一对矛盾，苹果好吃却不好看。一天，他灵机一动，产生了一个创意。第二天，他根据构想把苹果包装起来，装在箱子里，并在每个箱子里贴了一张纸条，写道："这次邮寄出去的苹果，表皮上虽然有点受伤，请不要介意，那是遭受冰雹的伤痕，这才是真正在高原上生产的证据！高原因气温较低，因此苹果的肉质更结实，而且产生一种风味独特的果糖。"看到这样的话语，顾客们的好奇心驱使他们迫不及待地拿起苹果，一探究竟。结果是，顾客们对高原苹果赞不绝口。原本陷入绝境的詹姆士，因为突发奇想的创意，不但挽救了面临的重大危机，也因此获得了专门预定这种"受伤"苹果的订单。

从上边的故事可以看出，缺点不一定有害。当我们遇到缺点的时候，要学会思考，想一想缺点能不能利用，想一想它能不能逆用，把缺点变成优点。

五、逆向思维游戏实战体验

1. 双胞胎引起的混乱

一位父亲总想要 4 个儿子，他将自己的土地分了 1/4 给自己的大儿子。他祖辈的家庭人口都很多，所以他没有怎么考虑这件事。他晚年的时候，有一件奇妙的事情发生，这个奇妙的事情就是他得到了双胞胎，而且两个都是男孩，他立即就把剩余的土地分成了 4 个形状相同而且面积相等的部分，给剩余的孩子每人一份。他是如何做到这一点的？

2. 长筒袜

一个人把他的瑞士银行账户的密码刻在了自己的皮带扣上（如图 4-1 所示）。直到死亡，他也没有把这个秘密告诉他的家人，但是他在遗嘱里说，无论谁识破这个密码，都可以得到他在瑞士银行保险柜的东西。你能破解这个密码吗？

图 4-1

3. 水的移动

你有 1 盘子水、1 个大口杯、1 个软木塞、1 根大头钉和 1 根火柴（如图 4-2 所示）。你必须把所有的水都弄到大口杯里，你不能把这盘水端起，也不能向任何方向倾斜，而且你不能使用其他任何设备把水装入口杯中。如何才能做到这一点？

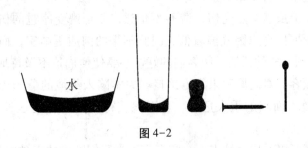

图 4-2

4. 火柴棍逻辑思维游戏

如图 4-3 所示，拿走 4 根火柴，你能否重新排列剩余的火柴棍，使得第 1 行、第 3 行、第 1 列和第 3 列仍然有 9 根火柴棍？

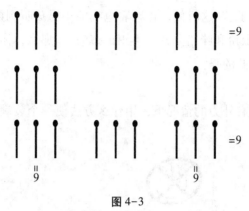

图 4-3

5. 牙签的变动

仅仅通过移动图 4-4 中的 3 根牙签，你能制作 7 个三角形和 3 个菱形吗？

图 4-4

6. 清仓大甩卖

我在甩卖会上买了 3 批 T 恤衫，总价是 260 美分。每批的价格和数量都不相同。每批中，T 恤衫单价的美分数与那批 T 恤衫的数量相同。如果我买了 260 件 T 恤衫，你能告诉我每批的数量吗？

7. 数字方块

如图 4-5 所示，每列数字之间都有一定联系。方格上的字母可以帮你找到某种联系。根据这种联系，空白方格中应该填入什么数字？

A	B	C	D	E
9	0	9	9	0
5	3	2	8	6
6	2	4	8	
7	2	5	9	
2	1	1	3	2

图 4-5

8. 胡椒粉与味精

做晚饭的时候，妈妈一不小心把调料盒碰翻了，里边的胡椒粉和味精都撒在了桌子上，混在了一起。妈妈看到混在一起的胡椒粉和味精，无奈地说："真可惜。混在一起就分不开，只好扔掉了。"这时候，正在看电视的小男孩听到妈妈的话，走过来说："妈妈。我有办法把胡椒粉和味精分开，不用扔掉的。"那么，你知道小男孩是用什么办法把胡椒粉与味精分开的吗？

9. 自动旋转的奥秘

想象一下，如果没有外力的情况下，用什么方法使一个装满水的纸盒自己转动起来（如图 4-6 所示）？

图 4-6

10. 如何分苹果

现在手里有 100 个苹果，要求分别放在 12 个盒子里，并且保证每个盒子里的数字中必须有一个"3"。那么，你知道如何来分配吗？

第五章　逻辑思维训练

一、个性测试：集体依赖性

下面的测试题用于测试你是属于独立的人还是属于喜欢依赖朋友、家人、同事的人？让我们拭目以待。

1. 你喜欢聚会吗？

（1）不，我更喜欢读一本书。

（2）是，很喜欢。

（3）是，但不经常。

2. 你是否曾经考虑过独自一人到野外旅游？

（1）不，我讨厌这样的想法。

（2）我也许会，但我会担心。

（3）是，我会那样做，而且很喜欢。

3. 你需要依靠家人的支持来帮你树立信心吗？

（1）难道不是每个人都这样吗？

（2）不，树立信心是自己的事。

（3）在某种程度上需要，但在必要的时候我能够自己树立信心。

4. 你担心别人怎么看你吗？

（1）是，当然担心了。

（2）每个人都会有点担心吧。

（3）我从来不担心。

5. 你去上班的部分原因是因为想找人作伴吗？

（1）是，我喜欢社交。

（2）是，并且我喜欢时常举行办公室派对。

（3）不，我不喜欢社交。

6. 你会在家一个人工作吗？

（1）是，我喜欢！

（2）如果需要的话，我也许会。

（3）不，那会把我逼疯的。

7. 你喜欢有人陪伴你吗？

（1）是，事实上我非常喜欢。

（2）我喜欢单独一个人。

（3）我单独一个人的时候就会烦。

8. 你喜欢大型公众集会吗？

（1）我努力逃避。

（2）不太过分的，我还可以。

（3）我喜欢。

9. 你喜欢团队运动吗？

（1）那是我的最爱。

（2）我喜欢。

（3）那还不如我拔一颗牙呢！

10. 你能和鲁滨逊交换一下位置吗？

（1）是，那将非常适合我。

（2）我会发疯的。

（3）交换一两周还可以。

11. 如果你可以选择，你愿意选择下列哪一项？

（1）出去参加一个大型聚会。

（2）在家里度过一个惬意的夜晚。

（3）找几个朋友聚餐。

12. 他人的出现会让你感觉受到威胁吗？

（1）不，我喜欢有个人陪伴。

（2）不，但我也喜欢独处。

（3）是，除非不得已，我讨厌和他人在一起。

13. 有人说你不合群吗？

（1）我？笑话！

（2）不，没有人真正这样说过。

（3）我想他们会这样说，这有什么不对吗？

14. 你做出一个决定的时候，你感觉需要与同事协商吗？

（1）协商什么呢，那是我的决定。

（2）我总是非常珍惜来自同事的帮助。

（3）如果我觉得必要，我可能会询问同事。

15. 你喜欢逛街吗？

（1）喜欢。

（2）只要不太忙，我非常喜欢。

（3）连踢带叫，你才能把我拉去。

16. 你喜欢住在大城市还是小乡村？

（1）我喜欢乡村宁静的生活。

（2）住在哪里我都不介意，关键要看住房条件。

（3）我不能住在乡村，只有城市生活才是我想要的。

17. 你关注民意测验吗?

(1) 要是我能够不理睬就好了。

(2) 是,我经常关注。

(3) 有时关注,但我有自己的主见。

18. 你有感到过孤独吗?

(1) 偶尔。

(2) 是,经常这样。

(3) 不,我从来不孤独。

19. 就与他人接触而言,下面的工作哪一个最适合你?

(1) 以说笑话为主的喜剧演员。

(2) 办公室工作人员。

(3) 计算机程序员。

20. 你外出社交的频率如何?

(1) 每周几次。

(2) 每月几次。

(3) 很少有。

21. 你邀请朋友聚会的频率如何?

(1) 每月几次。

(2) 总是。

(3) 什么朋友?

22. 你与朋友单独相处的时候感到过威胁或紧张吗?

(1) 是,我感到非常急躁不安。

(2) 一点也不。

(3) 一点点。

23. 你愿意到国际空间站,在只有两个宇航员的陪伴下工作 1 年吗?

(1) 愿意,那会是件非常有趣的事。

(2) 不愿意,我会很寂寞。

(3) 我会考虑,但很可能最后不去。

24. 有一栋漂亮的房屋要降价销售,它距离任何地方都是几英里(1 英里≈1.6 千米)远,你会买吗?

(1) 我不在乎价格,但我不愿住在荒郊野外。

(2) 我不在乎价格,不管怎样我都想去那里住。

(3) 我会考虑。

25. 你没有同他人讲过话的时间最长是多少?

(1) 几天,几周吧,我真的记不清了。

(2) 几个小时,我仍然记得当时的低落情绪。

(3) 两天。现在很高兴我又找到了伙伴。

得分

	1	2	3		1	2	3		1	2	3
1.	b	c	a	10.	b	c	a	19.	a	b	c
2.	a	b	c	11.	a	c	b	20.	a	b	c
3.	a	c	b	12.	a	b	c	21.	b	a	c
4.	a	b	c	13.	a	b	c	22.	a	b	c
5.	a	b	c	14.	b	c	a	23.	b	c	a
6.	c	b	a	15.	a	b	c	24.	c	b	a
7.	c	b	a	16.	c	b	a	25.	b	c	a
8.	c	b	a	17.	a	b	c				
9.	a	b	c	18.	b	a	c				

得分与评析

本测试最高分为 75 分。

◆70~75 分

你不需要他人，也不需要他们的陪伴或意见。你可能不受欢迎，但你为什么又应该在乎这些呢？你甚至都不知道它的意义。你具备天才所需要的以自我为中心的方法。没人能够打扰你的工作，除非他们带着武器来。

◆65~74 分

你一个人非常快乐，不太需要他人。但你不是隐士，也并非对他人完全冷漠。在需要的时候，你会很容易排除他人的干扰，但是你也知道在适合的时候如何与他人联系。

◆45~64 分

你非常依赖他人。你不怎么真正喜欢自己的伙伴，你需要朋友、同事、亲戚的爱和支持。你不拥有天才的自给自足的能力。

◆44 分以下

你做这个测试的时候是在一个聚会上，还有另外 6 个人。

二、逻辑思维知识点巩固

（一）逻辑思维的特性

逻辑思维是指符合某些人为制定的思维规则和思维形式的一种高级思维方式，逻辑思维遵循特有的逻辑程序，使感性认知阶段获得的对于事物认识的信息形成抽象概念，并运用概念进行判断。逻辑思维方法主要有归纳、演绎、分析和综合，进而从抽象上升到具体等。

1. 严密性

严密性即人在思考过程中遵循一定的规律，有一定的方向性。此外，逻辑思维的严密性也表现在它能够通过细致、缜密的分析，从错综复杂的事情联系与关系中认识事物的本质。

2. 确定性

逻辑思维的确定性表现为两个方面,一方面是指逻辑思维形式上的固定性,即每一种逻辑思维都有其固定的思维方式,且被检验为可行的、正确的。因此,在我们的实际思考过程中可以直接加以使用,以此缩短我们对事物认识、判断的时间。另一方面,是从结果的相对正确性来说,即按照逻辑思维思考,结果往往被确定为正确、合理的。

3. 历史性

一方面,历史进程中科学的发展水平为逻辑思维的研究发展提供条件,逻辑思维是建立在相关学科研究的基础上,经过提炼、总结、实践证明等漫长的过程形成的。另一方面,历史的发展,特别是与逻辑思维关系紧密的学科发展水平制约了逻辑思维的发展。

(二)开发逆向思维的方法

1. 类比推理法

类比推理用于创新,是把两个或两类事物加以比较,并进行逻辑推理,从比较中找到比较对象之间的相似点或不同点,通过同中求异或异中求同来实现创造。这种推理是两个对象在一系列属性上相同,而且已知其中一个对象还具有其他属性,由此推断另一个对象也具有同样属相的推理。它不同于演绎推理和归纳推理,它是从特定对象推导到另一特定对象的推理,是一种独立的推理类型,是一种或然性推理。

2. 归纳推理法

归纳推理是以许多同类个别事物的判断为前提,对一般性知识进行判断并得出结论的推理。英国逻辑学家穆勒《逻辑体系》一书中系统地讨论过 5 种探究方法,即求同法、求异法、求同求异法、共变法和剩余法。

（1）求同法

求同法亦称契合法,其基本内容是:如果在被研究现象出现的若干个场合中,仅有一个共同的情况,那么这个共同的情况是被研究现象产生的原因（或结果）。

（2）求异法

求异法也称差异法。基本内容是:如果在被研究对象出现的两个场合中,仅有一个情况不同且仅出现在被研究现象存在的场合,那么,这个唯一不同的情况是被研究现象产生的原因（或结果）或必不可少的部分原因。

（3）求同求异法

求同求异法也称为契合差异并用法,基本内容是:有两组场合,一组是由被研究现象出现的若干场合组成的,被称为正面场合;另一组是由被研究现象不出现的若干场合组成的,被称为反面场合。如果在被研究现象出现的一组场合中,只有一个共同情况,而在被研究现象不出现的一组场合中,却都没有这个情况,那么,这个情况就与被研究现象之间有因果联系。

（4）共变法

在本研究现象发生变化的各个场合中,被研究对象也随之发生相应的变化,共变法的应用过程中，研究对象的变化源于单个因素时，其结论更可靠。

（5）剩余法

剩余法是指如果某一已经复合的被研究现象中的某一部分是某情况作用的结果，那么这个复合现象的剩余部分就是其他情况作用的结果。

3. 演绎推理法

演绎推理以归纳为基础，其创造性主要源于演绎过程中形成的科学假说，以及对特殊性的创新性思考，它主要包括联言推理、选言推理、假言推理。

三、拓展阅读启发——京东众筹明星产品："请出价"

"请出价"是什么？网站还是APP？事实上，"请出价"既不是网站也不是APP，它目前只是一个微信公众号。然而，就是这么一个微信公众号，却已经被估值为1亿元人民币。它为什么值"1个亿"？

"请出价"创始人张帅说："我们并不打算盲目跟风推出网站或APP，目前，我们更专注于自身产品和用户量。我们的模式很简单，由"请出价"发布商品，让用户先出价，然后再公布一个合理的价格区间，用户出价符合这个价格区间的，将购得这件商品。"

就是这个简单的微信公众号，已成为京东股权众筹平台上线的5个明星产品之一。同时，又爆出其融资额度为1 000万元，出让股权10%。也就是说，这个公众号被估值为1亿元人民币！毋庸置疑，它将成为有史以来最值钱的微信公众号之一。

（1）C2B模式颠覆传统

"请出价"是一座在生产者和消费者之间架起的最高效的桥梁。因为它颠覆了现在所有电商平台的售卖模式，它将定价权交给买家！

从用户的角度来讲，"请出价"缩短了消费者寻找海量商品的时间。消费者只需要向其提供相关的需求信息，如期望产品、期望价格。剩下的就由"请出价"来完成，这样一来就解决了，由于买卖双方信息不对称给消费者带来的困扰，极大地缩减了用户的时间成本。

对卖家来说，"请出价"提供的平台减掉了买卖双方的讨价还价环节，平台为卖家提供的购买信息有效地解决了卖家大量的时间、精力、人力、物力等成本。"请出价"就可将节约下来的这部分成本让利给买家，使买卖双方共赢。

（2）"请出价"的逆向C2B模式很好地保护了商业品牌

事实上，"请出价"平台中，往往是像"苹果"这样的顶级数码产品销售居于主导地位，因为普通人也有可能在这里以低价购买到平时无法购买的奢侈商品。在相对私密的一对一的微信公众号里，大众看不到任何报价信息，只有成功出价的卖家，才能够知道这次逆向拍卖自己是否中标。在这种模式下，既不会赤裸地降价，损害品牌形象，又能促成交易。所以，没有哪种销售模式能比"请出价"能更好地满足大品牌又要形象又要销量的梦想了！

四、案例启发

（一）16 年谜底的侦破

1940 年 11 月 16 日，纽约爱迪生公司大楼一个窗沿上发现一个土炸弹，并附有署名 FP 的纸条，上边写道："爱迪生公司的骗子们，这是给你们的炸弹！"后来，这种威胁活动越来越频繁，越来越猖狂。1955 年竟然放上了 55 颗炸弹，并炸响了 32 颗。对此，新闻界连篇报道，并惊呼此行动的恶劣，要求警方给予侦破。

纽约市警察在 16 年中煞费苦心，但所获甚微。所幸，他们还保留几张字迹清秀的威胁信，字母都是大写。其中写道："我正为自己的病怨恨爱迪生公司，希望它后悔自己所做的卑鄙罪行。为此，我不惜将炸弹放进剧院和公司的大楼……"警方请来了犯罪心理学家布鲁塞尔博士。博士依据心理学常识，应用推理思维，在警方掌握材料的基础上做了如下分析推理：

（1）制造和放置炸弹的大都是男人。

（2）他怀疑爱迪生公司害他生病，属于"偏执狂"病人。这种病人一过 35 岁后病情就加速加重。所以 1940 年时，他 35 岁，现在（1956 年），他应该是 50 岁出头。

（3）偏执狂总是归罪他人。因此，爱迪生公司可能曾对他处理不当，使他难以接受。

（4）字迹清秀，表明他受过中等教育。

（5）约 85% 的偏执狂有运动员体型，可能胖瘦适度、体格匀称。

（6）字迹清秀、纸条干净，表明他工作认真，是一个兢兢业业的模范职工。

（7）他用"卑鄙行为"一词过于认真，爱迪生也用全称，不像美国人所为，故他可能在外国人的居住区。

（8）他在爱迪生公司之外也乱放炸弹，这表明他有心理创伤，并形成了反权威情绪，乱放炸弹就是在反抗社会权威。

（9）他常年持续不断地乱放炸弹，证明他一直独身，没有人用友谊或爱情来愈合其心理创伤。

（10）他虽无友谊，却重体面，一定是一个十分讲究的人。

（11）为了制造炸弹，他宁愿独居而不住公寓，以便隐藏和不妨碍邻居。

（12）地中海各国用绳索勒杀别人，北欧诸国爱用匕首，斯拉夫国家恐怖分子爱用炸弹。所以，他可能是斯拉夫后裔。

（13）斯拉夫人多信天主教，他必然定时去教堂。

（14）他的恐吓信多发自纽约和韦斯特切斯特。在这两个地区中，斯拉夫最集中的居住区是布里奇波特，他很可能住那里。

（15）持续多年强调自己有病，必是慢性病。但是癌症不能活 16 年，恐怕是肺病或心脏病，肺病现在已经可以治愈，所以他是心脏病患者。

根据这种层层推理的方式，博士最后得出如下结论：

警方抓他时，他一定会穿着当时正流行的双排扣上衣，并将纽扣扣得整整齐齐。而且，建议警方将上述 15 个可能性公诸报端。

他重视读报，又不肯承认自己的弱点。他一定会做出反应以表现他的高明，从而自己提供线索。果不其然，1956 年圣诞节前夕，各报刊载这 15 个可能性后，他从韦斯特切斯特邮寄信给警方说："报纸拜读，我非笨蛋，绝不会上当自首，你们不如将爱迪生公司送上法庭为好。"

依循有关线索，警方立即查询了爱迪生公司人事档案，发现在 20 世纪 30 年代的档案中，有一个电机保养工乔治梅特斯基因公烧伤，曾上书向公司述说自己感染肺结核，要求领取终身残废津贴，但被公司拒绝，数月后离职。此人为波兰裔，当时（1956 年）51 岁，家住布里奇波特，父母早亡，与其姐同住一个独院。他身高 1.75 米，体重 74 千克。平时对人彬彬有礼。1957 年 1 月 22 日，警方去他家调查，发现了制造炸弹的工作间，于是逮捕了他。

当时他果然身着双排扣西服，而且整整齐齐地扣着扣子。

（二）可口可乐瓶的设计

1898 年，鲁特玻璃公司一位年轻的工人亚历山大·山姆森在与女友的约会中发现女友穿着一套筒型连衣裙，显得臀部突出，腰部和腿部纤细，非常好看。他突发灵感，根据女友穿的这套裙子的形状设计出一个玻璃瓶，这个瓶子设计得非常美观，很像一位亭亭玉立的少女，他还把瓶子的容量设计成刚好能装一杯水。瓶子试制出来之后，大众交口称赞。有经验意识的亚历山大·山姆森立即到专利局申请专利。

当时，可口可乐的决策者坎德勒在市场上看到了亚历山大·山姆森设计的玻璃瓶后，认为其非常适合作为可口可乐的包装，他便以 600 万美元的天价买下了此专利。

亚历山大·山姆森设计的瓶子不仅美观，而且使用非常安全，易握不易滑落。更令人叫绝的是，其瓶型的中下部是扭纹型的，如同少女所穿的条纹裙子，而瓶子的中段则圆满丰硕，如同少女的臀部。此外，由于瓶子的结构是中大下小，当它盛装可口可乐时，给人的感觉是分量很多。采用亚历山大·山姆森设计的玻璃瓶作为可口可乐的包装以后，可口可乐的销量飞速增长，在两年的时间内，销量翻了一番。从此，采用山姆森玻璃瓶作为包装的可口可乐开始畅销美国，并迅速风靡世界。600 万美元的投入，为可口可乐公司带来数以亿计的回报。

五、逻辑思维游戏实战体验

1. 1 元钱去哪里了（见图 5-1）

新年到了，一家文具店老板决定促销两种新年贺卡。他每种贺卡各拿出 30 张，第一种卖 1 元钱两张，另外一种卖 1 元钱 3 张。这 60 张很快就全部卖完了。

老板记了一下账：30 张 1 元钱两张的贺卡收入 15 元。30 张 1 元钱 3 张的贺卡收入 10 元，总共 25 元。

老板又拿出 60 张贺卡放在柜台上。他发现不知何时两种贺卡已经混在一起了，生意太忙了，他也懒得一张张地分开贺卡。忽然他灵机一动，如果 30 张贺卡是 1 元钱卖两张，30 张是 1 元钱卖 3 张，何不把 60 张贺卡放在一起，按 2 元钱 5 张来卖？这不是一样的吗？

文具店关门时，60 张贺卡全按 2 块钱 5 张卖出去，可是老板点钱时发现只有 24 元，不是 25 元。这让他很奇怪。

这 1 元钱哪里去了呢？是不是给顾客找错了钱？老板百思不得其解。

图 5-1

2. 内川先生的存款单（见图 5-2）

内川先生正在给女朋友解释他的存款："你看，我最初在银行的存款是 1 万元，然而我取了 6 次款，这 6 次取款额加起来是 1 万元。可是按照我的记录，在银行我只有 9 900 元可取。"

内川先生的女朋友接过内川先生递过来的数据，上边写着：

取款额	余额
5 000	5 000
2 500	2 500
1 000	1 500
800	700
500	200
200	0
= 10 000 元	= 9 900 元

图 5-2

3. 分桃子（见图 5-3）

小刚和小强在一棵树上摘到了 9 个桃子，二人商量如何来分。最后他们商量出这样一个办法：他们把 9 个桃子放在一起，然后双方开始轮流从中取出 1 个、3 个或者 4 个，谁能取得最后的桃子，谁就可以多分到对方的一个桃子。那么这个游戏应该如何来取才能够取胜呢？

图 5-3

4. 上级与下级（见图 5-4）

有一个喜欢表现自我的人，在向别人介绍自己办公室的同事的情况时，这样说道："我和 A、B、C 三人之间是直接上下级关系；A 和 D 有工作联系；B 和 E 是直接上下级关系；C 和 F 有工作联系；D 和 E 工作联系多；E 和 F 工作联系也多。我常常给 A、C 布置工作；E 给 D 布置工作；B 给 E 布置工作；E 给 F 布置工作。我则从 B 那里接受工作任务。"

听了这段啰嗦的介绍，怎样尽快知道在这个办公室中，谁是最高领导，并且依次的关系是什么？

图 5-4

5. 现在的时间（见图 5-5）

A、B、C、D 四人到郊外去旅游，在一片茂密的森林里迷路了。森林里树木遮天蔽日，甚至都看不到外边的太阳。走了一会儿，A 忽然问道："对了，现在是什么时间？我们差不多该回去了，我的表现在是 12 点 54 分。"其他 3 个人同时看了一下自己的手表，然后分别作了回答。

B 说："不，是 12 点 57 分。"

C 说："我的表是 1 点零 3 分。"

D 说："我的表是 1 点零 2 分。"

事实上，4 个人的表分别有 2 分钟、3 分钟、4 分钟和 5 分钟的误差（这一顺序并非对应他们回答时的顺序）。你能够计算现在的准确时间吗？

图 5-5

6. 逃狱的囚犯（见图 5-6）

有 A、B、C 三个人被人诬陷而入狱，被关在一座塔楼上。这座塔楼上只有 1 个窗口可以用来逃跑，没有其他的出路。现在塔楼上有 1 个轮滑、1 条绳子、两个箩筐和一个重 30 千克的铁球。不过当 1 个箩筐比另 1 个箩筐重 6 千克的情况下，两个箩筐才可以毫无危险地一上一下。在这 3 个人中，A 的体重是 78 千克，B 的体重是 42 千克，C 的体重是 36 千克。那么，你知道这 3 个人是如何借助已有的这些工具逃跑的吗？

图 5-6

7. 新龟兔赛跑（见图 5-7）

《新龟兔赛跑》的原版结局我们都知道是这样的，由于兔子贪玩，结果是乌龟胜利了，其实兔子的速度远远超过了乌龟。现在有一段总长为 4.2km 的路程，兔子每小时跑 20km，乌龟每小时跑 3km，不停地跑，兔子却边跑边玩，它跑了 1 分钟，玩 15 分钟；再跑 2 分钟，玩 15 分钟……请问先到达终点的比后到到达终点的要快多少分钟？

图 5-7

8. 环球飞行需要几架飞机（见图 5-8）

某航空公司有一个环球飞行计划，但却受到下列条件的约束。

每架飞机上只有一个油箱，飞机之间可以相互加油（没有加油机），一箱油可供一架飞机绕地球飞半圈。为了使至少有一架飞机能绕地球一圈后回到起飞的机场，至少需要出动几架飞机（包括绕地球一周的那架在内）？

注意：所有飞机从同一机场起飞，而且必须安全返回机场，不允许中途降落。中间没有机场停靠，加油时间暂忽略不计。

图 5-8

9. 村里养了几条病狗（见图 5-9）

某村一共有 50 户人家，每家每户都养了 1 条狗。村长声称村里有病狗，然后要求每户都检查其他人家的狗是不是病狗，但为了公平起见，村长要求村民只能检查别家的狗而不准检查自己家的狗。病狗必须枪毙，但是无论谁发现了别人家的狗是病狗，都不准声张。对于别人家的病狗也没有权利枪毙，只有权利枪毙自己家的狗。第一天村里没有听到枪声，第二天也没有，第三天却传来一阵枪声。

请问村里一共有几条生病的狗？为什么？

图 5-9

10. 糖果的数量（见图 5-10）

桌上有橘子、香蕉、奶油 3 种糖果一共 160 颗，如果取出橘子的 1/3、香蕉的 1/4、奶油的 1/5，则还剩下 120 颗。如果取出橘子的 1/5、香蕉的 1/4、奶油的 1/3，则剩下 116 颗。请问，这 3 种糖果原来各有多少?

图 5-10

第六章 联想类比创新思维训练

一、个性测试：自我形象

考虑自己天才潜力的时候，顺便考虑下自己的形象也是一个不错的想法。下边的测试可以帮助你认清自己的形象，尤其有助于你明确感觉自己是否有成为天才的潜力。

1. 你感觉是否自己在某些方面是被"精选"出来的？

（1）是，我始终明白自己有某些特殊的地方。

（2）不，根本没有这种感觉。

（3）我有时会觉得自己有超越他人的地方。

2. 你在某些活动中有超常的表现吗？

（1）没有。

（2）有，我有一些超常的能力。

（3）我不知道，也许我没有发现吧。

3. 名誉对你有吸引力吗？

（1）我从来没有太多地考虑过这个问题。

（2）我喜欢出名。

（3）我非常讨厌出名。

4. 有人曾经把你作为特殊人才挑选出来吗？

（1）有，有时我会被人注意到。

（2）没有。

（3）有，人们经常说我有能力。

5. 你有一种完全支配自己生活的兴趣吗？

（1）有，有一个领域是我非常感兴趣的。

（2）没有，我容易对很多事情感兴趣。

（3）我有很多非常热衷的事情。

6. 你是否有时感觉自己比其他人懂事得多？

（1）从来没有，我讨厌那样的感觉。

（2）是，有时当我感觉自己懂事得多的时候，我会变得不耐烦。

（2）我不愿意承认这件事，但我几乎每时每刻都有这种感觉。

7. 你会单纯地对一些思想感兴趣吗？

（1）不，我不是一个真正的思想者。

（2）我喜欢思想，但我也非常现实。

（3）思想确实很令我着迷。

8. 你擅长抽象思维吗？

（1）是，我总是能够抽象地思考问题。

（2）不，我的观点非常现实。

（3）我的抽象思维能力不错，但不是很突出。

9. 你是否暗自认为自己是一个天才？

（1）是，但我没有向别人说过。

（2）不，根本没有过。

（3）有时我认为自己也许是一个天才。

10. 在你死之前可能没有人会发现你的才能，你为此担心吗？

（1）是，很担心。

（2）我从来没有想过。

（3）这不会对我有太大的影响。

11. 死后才获得名声，这个想法对你有吸引力吗？

（1）没有，根本没有，那对我有何益处呢？

（2）我想被人记住将是件不错的事。

（3）有，假如人们能够记住我，我想我会喜欢这个想法。

12. 你愿意到外边度过一个愉快的夜晚，还是喜欢待在家里学习呢？

（1）为了学习，我愿意放弃许多事情。

（2）我愿意到外边玩。

（3）如果学习很重要的话，我也许会待在家里。

13. 你认为自己具有创新性思维吗？

（1）我并不这样认为。

（2）是，我确实相信自己有。

（3）我不太肯定。

14. 人们觉得你的想法有趣吗？

（1）不，他们不觉得。

（2）有些人曾经这样说过。

（3）是，人们总是对我说的话很感兴趣。

15. 你有时感觉人们不能够理解你讲的话吗？

（1）是，这让我很烦恼。

（2）不，我没有这样的问题。

（3）是，有时会有。

16. 你对自己的生活很泄气，而且觉得自己能够做得更多吗？

（1）不，我非常安于现状。

（2）我有时喜欢多做一点。

（3）是，我渴望充分发挥自己的潜力。

17. 你通常自我感觉良好吗？

（1）是，一直自我感觉良好。

（2）不，不是那么经常。

（3）大多数时候吧。

18. 你是否觉得自己能够为世界的未来做出有价值的贡献？

（1）是，我确信这一点。

（2）不，我很怀疑。

（3）我希望如此，但我不确定。

19. 你擅长克服逆境吗？

（1）不擅长。

（2）是，我可以克服一切困难。

（3）困难的时候，我会努力的。

20. 你对自己的能力非常自信吗？

（1）是，我从来没有怀疑过自己的能力。

（2）我通常很自信。

（3）不，我容易怀疑自己的能力。

21. 你经常努力发展自我吗？

（1）是，一直都在努力。

（2）我对此考虑得很多。

（3）不，我没有那么操心。

22. 你对新知识非常渴望吗？

（1）当然了，始终同步。

（2）是，我总是对发现新知识抱有很大的热情。

（3）我非常有兴趣拓展自己的知识面。

23. 你与自己领域内的最新发展保持同步吗？

（1）当然了，始终同步。

（2）不，我没有时间。

（3）我设法赶上时代的发展，但不总是成功。

24. 在你所擅长的领域，人们向你咨询过吗？

（1）是，经常咨询。

（2）不，从没有人来咨询我。

（3）有时会有。

25. 你知道自己有多聪明吗？

（1）是，我测试了自己的智商，得分非常高。

（2）是，我认为我非常聪明。

（3）不，我从来不关心这事。

得分

	1	2	3		1	2	3		1	2	3
1.	b	c	a	10.	b	c	a	19.	a	c	b
2.	a	c	b	11.	a	b	c	20.	c	b	a
3.	c	a	b	12.	b	c	a	21.	c	b	a
4.	b	a	c	13.	a	c	b	22.	c	b	a
5.	b	c	a	14.	a	b	c	23.	b	c	a
6.	a	c	b	15.	b	c	a	24.	b	c	a
7.	a	b	c	16.	a	b	c	25.	c	b	a
8.	b	c	a	17.	b	c	a				
9.	b	c	a	18.	b	c	a				

得分与评析

本测试最高分为 75 分。

◆70~75 分

你自我感觉良好，而且对于自我价值有非常明智的见解。

◆65~74 分

你没有太多疑虑，但你非常聪明地知道自己不是一直正确。

◆45~64 分

你对于成为天才没有真正的自信。

◆44 分以下

你对自己没有太多的看法，放心吧，你不是一个天才。

二、联想类比创新思维知识点巩固

（一）联想类比创新思维的特性

联想法就是从一种物品想到另一种物品，从一个概念想到另一概念，或从一种方法想到另一种方法的心理过程。所谓联想法，就是在创新过程中对不同事物运用其概念、方法、形象、模式、心理等相似性来激活联想和想象的机制，从而产生新颖构思、独特设想的一种创新思维方法。

类比法就是一种确定两个以上事物间同异关系的思维过程和方法。即根据一定的标准尺度，把与此有联系的几个相关事物加以对照，把握住事物的内在联系进行创新。类比法就是一种富有创造性的创新方法，有利于发挥人的想象力，从异中求同，从同中求异，产生新的知识，得到创新成果。

1. 联想法特点

人们在长期的科学研究和生产实践中获得的知识、经验和方法都存储在大脑的巨大记忆库中，虽然这些内容会经时光消磨而逐渐远离记忆系统，从而进入记忆库底层，日渐散乱、模糊甚至消失，但通过外界刺激——联想可以唤醒沉睡在记忆库底层的记忆，从而把当前的事物与过去的事物有机地联系起来，产生出新的设想和方案。实际上，底层的记忆在很大程度上已转为人的潜意识。所以，通过联系使潜在意识发挥作用、产生灵感，对人们开展创新活动能够提供很大的帮助。联想法是创新活动的一种心理中介，它具有由此及彼、触类旁通的特性，常常会将人们的思维引向深化，导致创造性想象的形成以及灵感、直觉和顿悟的产生。

2. 类比法特点

它是根据对某一类对比想象的成分、结构、功能、性质等方面特征的认识，推导出当前要解决问题的可能性的设想。在这里，相同点是类比的基础，推断是类比的表现。发现不了相同点就不会产生类比，不推断也就不叫类比。

创新与创造活动是对各种事物未知规律的一种探究过程。就人类认识运动的发展程序来说，总是从认识个别的和特殊的事物开始逐步扩大到认识一般和普遍的事物，并由此深入认识事物的内在规律。在掌握了对事物规律性的认识之后，人们又以此为基础继续向着未研究过或未曾深入研究的各种具体事物发起探索，以求认识其特殊本质。简而言之，即从个别到一般，再从一般到个别。

类比法把两个或两类事物加以比较并进行逻辑推理，从比较对象之间的相似点或不同点出发，采用同中求异或异中求同机制，来实现创新与创造。

（二）开发联想类比创新思维的方法

1. 相似联想

相似联想即由一种事物想到与它特征相似、性质相近的事物。

不同事物间总是存在某些相似的地方，从原理、结构、性质、功能、形状、声音、颜色等方面对事物之间的相似之处进行联想来创新就是相似联想。例如，丹麦著名建筑设计师伍重在设计澳大利亚悉尼歌剧院时，由剥开的橘子皮联想到悉尼歌剧院的构思，从而设计了这个独特的建筑造型。

2. 接近联想

从空间上或时间上由一事物联想到比较接近的另一事物，从而激发出新的创意、设计、发明的过程叫作接近联想。例如，看到雪就想到冬天，看到天安门就想起人民大会堂。其中，冬与雪在时间上是接近的，天安门广场与人民大会堂在空间上是接近的。一般来说，空间接近的，时间上往往也接近；时间上接近的，空间感知也势必接近，时空的接近往往有内在联系。

3. 对比联想

对比联想，即由一种事物想到它对立面或反面的其他事物。可以说，对比联想是相似联想的另一种形式。

任务事物都是由许多要素组成的，其中包含事物本身的对立面或相反面，例如，由坚硬想到柔软，由严寒想到酷热等。对比联想往往在一对对立事物之间进行，既反映事物的共性，又反映事物的个性。如黑暗和光明，其共性是二者都是表示亮度的，个性是前者亮度小，后者亮度大。这种联想容易使人看到事物的对立面，具有对立性、挑战性和突破性，这对我们全面地从整体上看问题是很有好处的。对比联想属逆向思维，常常会产生意想不到的效果。

4. 直接类比法

直接类比法就是从自然界或已有成果中发现与创新对象类似的事物，将创新对象与相类似的事物直接进行比较，在原型的启发下产生新设想的一种创新方法。例如，将直升机和蜻蜓进行类比，探索它们的飞行原理和构造。利用直接类别法使新设想产生的关键是要善于观察和判断，要保持开放和有准备的头脑，不放过任何机遇，从事物的诸属性中获得新设想的启示。

5. 间接类比法

间接类比法就是用非同一产品进行类比，以产生创新的设想。在现实生活中，有些创新缺乏可以比较的同类对象，这时就可以运用间接类比法。例如，空气中存在负离子，可以使人延年益寿、消除疲劳，还可以辅助治疗哮喘、支气管炎、高血压、心血管病等，但负离子只有在高山、森林、海滩、湖畔才比较多。后来人们通过间接类比法，创造了水冲击法，产生了负离子；后再采用冲击原理，成功创造了电子冲击法，这才产生了现在市场上销售的空气负离子发生器。采用间接类比法，可以扩大类比范围，使许多非同一性、非同类的行业由此得到启发，创造新的活力。

6. 模仿法

这是一种最古老、应用最广泛的创新方法，即模仿、借鉴已有事物的某些有效因素而开发出新事物的方法。通过模拟某一事物有用的特征，来发明一种新的事物，不是单纯的模仿、简单的重复和再现，而是包含一种新的发展。运用模仿法的关键是要做到"仿中有创、创中有仿、创仿结合"。

7. 拟人类比法

拟人类比就是将人体比作创造对象或将创造对象视为人体，由人及物、以物拟人，从中领悟两者相通的道理，促进创新思维的深化和创造活动的发展。

8 因果类比法

两个事物的各个属性之间，可能存在着同一因果关系，因此，可以根据一个事物的因果关系，推出另一个事物的因果关系，这种类比法就是因果类比法。

9. 综合类比法

根据一个对象要素间的多种关系与另一对象综合相似而进行的类比推理，叫作综合类比。两个对象要素的多种关系综合相似，就意味着他们的结构相似，由结构相似可推出他们的整体特征和功能相似。

三、拓展阅读启发——"三只松鼠"的品牌秘诀

"三只松鼠"品牌于 2012 年 6 月开始在天猫商城试运营，上线仅一个月，销售额就突破 2 000 万元，一年的销售额就破 1 亿元。2013 年 4 月荣获"全国坚果炒货营销十强企业"称号，2013 年 8 月荣获"2013 年中国创新产品十强"称号。

这个品牌发展得如此之快，那么它有什么秘诀呢？

该品牌的创始人章燎原接受重庆商报记者采访时说，品牌为先、做足细节、用超

预期的用户体验一环扣一环地吸引消费者，就是其打造"三只松鼠"品牌的秘诀。

章燎原具有品牌意识，他表示，消费者需要一个有情感的品牌。因此，他创立了一个鲜活的"三只松鼠"品牌，松鼠拟人化、可互动、传播性强，同时，名称也非常好记。

"三只松鼠"开创了中国电商客服场景化的服务模式——淘宝客服化身为拟人的"松鼠"，亲切地称买家为"主人"，并从客服到售后，带给买家一次完整的"松鼠与主人"的购物体验，以此，来增加品牌的趣味性与独特性。

当买家打开"三只松鼠"的网店页面，首先映入眼帘的便是三只活灵活现的卡通小松鼠。再往下拉，就是一串以松鼠名字命名的淘宝客服。在客服沟通上，"三只松鼠"也大胆创新，一改过去淘宝"亲"的称呼，改称为"主人"，并以松鼠的口吻解答所有的问题。"主人"这一叫法，会立即使关系演变成主人与宠物的关系，客服妹妹扮演为"主人"服务的松鼠，这种购物体验就像在玩 Cosplay。这就意味着，顾客成了主人，客服就变成了一个演员，把商务沟通变成了话剧。而当买家收到坚果后，打开包裹也能发现带有"三只松鼠"LOGO 的购物袋、箱子、杂志等一系列配套物品。

章燎原说，现在网购的主力群体是年轻人，他们非常看重在互联网上的社交互动。而当品牌彻底拟人化以后，就可大大增强与卖家的互动性。在章燎原的一系列设计下，"三只松鼠"被成功地塑造成一个能给年轻人带来深刻印象的"卖萌"品牌。

四、案例启发

（一）月球仪

有一位名叫阿·布鲁特的退休老人，他和其他退休老人一样，每天都是以看电视来消磨时间。有一天，电视里播放了有关月球探险的节目。在电视屏幕上，主持人煞有介事地将月球的地图摊开，并口若悬河地加以讲解。这位荷兰老人心想："看这种月球平面图效果不好。月球和地球都是圆的，既然有地球仪，同样也可以有月球仪。地球仪有人买，月球仪可能也会有人买啊！"于是，老人开始倾注全部精力来研制月球仪。当第一批制作好后，老人就在电视和报纸上刊登广告。果然不出他所料，世界各地的订单源源不断地拥来。从此，他每年靠研制月球专利就可以赚 1 400 多万英镑。老人运用的就是类比联想法，从地球仪联想到月球仪，创造了大量财富。

（二）卡介苗的诞生

在 20 世纪初的一天，法国细菌学家卡默德和介兰一起来到一个农场，他俩看见地里长着一片低矮的玉米，穗小叶黄，便问农场主："玉米为什么长得这么差呀，是缺肥料吗？"农场主回答说："不是。这种玉米引种到这里来，已经十几代了，所以有些退化了。"卡默德和介兰听后不约而同地陷入了沉思，他们都马上联想到自己正在研究的结核杆菌。他们想，毒性强烈、给人类带来了巨大危害的结核杆菌，如果将它像玉米一样一代一代地定向培养下去，它的毒性是不是会退化呢？如果也会退化的话，将这种退化了的结核杆菌注射到人体内，那它不是就能使人体产生免疫力了吗？正是以这样的对比联想为基础，他们俩才花费了13年时间的反复研究，培育了230代结核杆菌，最终培育出了对人类做出巨大贡献的人工疫苗。为了纪念功勋卓越的生物科学家卡默德和介兰，使人便将他们所培育出来的人工疫苗称为"卡介苗"。

五、联想类比创新思维游戏实战体验

1. 海盗分赃物

A、B、C、D和E这5个很精明的海盗抢到了100块金币（如图6-1所示），他们决定依次由5人来分。当由A分时，剩下的海盗表决，如果B、C、D、E这4个人中有一半以上反对就把A扔下海，然后再由B分……以此类推。但如果一半及以上的人同意，就按A的分法。

请问A要依次分给B、C、D、E多少金币，才能不被同伙扔下海并且让自己拿到最多？

图6-1

2. 楼梯台阶数

一条长长的楼梯（如图6-2所示），若每次跨2阶，最后剩1阶；每次跨3阶，最后剩2阶；每次跨4阶，最后剩3阶；每次跨5阶，最后剩4阶；每次跨6阶，最后剩5阶；每次跨7阶，恰好到楼顶。问这条楼梯最少是多少阶？

图6-2

3. 相乘的结果

当赛核对自己的补给品时,他在布袋上边发现了一些有趣的东西。如图 6-3 所示,布袋每 3 个放在一层,共有 9 个布袋,上边分别标有从 1 至 9 这几个数字。在第一层和第三层,都是一个布袋和另外两个布袋分开放;而中间那层的 3 个布袋则被放在一起。如果他将第一层单个布袋的数字 7 乘以与之相邻的两个布袋的数 28,得到 196,也就是中间 3 个布袋上的数字,然而,如果他将第三层单个布袋的数字 5 与之相邻的两个布袋的数 34 相乘。则得到 170。

于是,当赛想出一道题,你能否尽可能少地移动布袋,使得上、下两层上的每一对布袋上的数字与各自单个布袋上的数字相乘的结果都等于中间 3 个布袋上的数字呢?

图 6-3

4. 电视机的价格

麦克因工作繁忙,决定临时请尼克来协助他的工作。规定以一年为期限,一年的报酬为 600 美元与一台电视机。可是尼克做了 7 个月后,因急事必须离开麦克,并要求麦克支付给他应得的钱和电视机。由于电视机不能拆散付给他,结果尼克得到了 150 美元和一台电视机。

现在请你想一想,这台电视机值多少钱?

5. 俱乐部难题

网球俱乐部(如图 6-4 所示)共有 189 名成员,其中男性成员 140 名,另外,通过统计得知 8 人加入时间不到 3 年,11 人年龄小于 20 人,70 人戴眼镜。

现在请你估计加入时间不小于 3 年,年龄不小于 20 的戴眼镜的男性成员最少有几人?

图 6-4

6. 路程

在一次远征北极的旅行中，探险团的一名成员打算为自己找一位新娘。这一地区的土著居民都睡在熊皮做的睡袋里，求婚的风俗习惯是要让害着相思病的情郎偷偷摸摸进屋去，把他梦寐以求的新娘连同睡袋一起背走。

这位情郎需要走完一段相当长的路程。他空身前去时的速度为每小时 5 英里（1 英里≈1.6 千米），负重返回时的速度为每小时 3 英里，往返一共花去整整 7 小时。当他打开睡袋，向同船的伙伴出示他的战利品时，却发现自己犯了一个致命的错误，背回来的竟是那位姑娘的外公。

现在你能否计算出，在这次值得纪念的旅行中，这位冒险的情郎究竟走了多少路呢？

7. 分工资

你让工人为你工作 7 天，给工人的回报是一根金条。金条平分成相连的 7 段，你必须在每天结束时给他们一段金条，如果只允许你两次把金条弄断，你如何给你的工人付费呢？

8. 数字砖块的规律

娱乐节目上常常会有很多好玩的题要给嘉宾回答，用以测验嘉宾们的思维能力和反应力，在这期节目中，主持人出了这样一道题，请你试着观察，能否发现其中的奥秘，猜出问号处的数字？

7935	2765	1755
6188	5368	3604
9856	5488	?

图 6-5

9. 倒油

有一个商人用一个大桶装了 12 千克油到市场上去卖，恰好市场上两个人分别带来了 5 千克和 9 千克的两个小桶，但他们要买走 6 千克的油，而且一个人买了 1 千克，另一个人买了 5 千克，这个商人要怎样称给他们呢？

图 6-6

10. 紧急侦破任务

某侦查股长接到一项紧急侦破任务，他要在代号为 A、B、C、D、E、F 六个队员中挑选若干个人侦破一件案子。人选的配备要求，必须满足下列各点：

（1）A、B 两人中至少去一人；

（2）A、D 不能一起去；

（3）A、E、F 三人中要派两人去；

（4）B、C 两人都去或都不去

（5）C、D 两人中去一人；

（6）若 D 不去，则 E 也不去。

请问应该让谁去？为什么？

第七章　问题解决思维训练

一、个性测试：远见

你有远见吗？他人看不到的潜在事物，你能看到吗？你理解问题比他人深吗？尝试下面的测试题，看看你是否有天才所具备的远见。

1. 你理解的事物，是否其他人经常不理解？

（1）是，总是有这样的情况发生。

（2）我有时有那样的经历。

（3）不，我没有这样的情况。

2. 你可以看到一些其他人忽视的细节吗？

（1）不，没有。

（2）是，我就是这样的人。

（3）有时会有。

3. 你有他人不理解的想法吗？

（1）不，从来没有。

（2）总是有。

（3）偶尔有。

4. 你认为自己很超前吗？

（1）我不这样认为。

（2）多少有一点吧。

（3）毫无疑问。

5. 你会因为人们跟不上你的节奏而变得不耐烦吗？

（1）不，我没有发生过这样的事。

（2）发生过，但不经常。

（3）是，我就是那样的人。

6. 你认为自己是一个有远见的思想家吗？

（1）是，肯定是。

（2）不，我不是。

（3）我有时候是。

7. 你总有机智的想法吗？

（1）总是有。

（2）很少有。

（3）有时有。

8. 你经常感觉自己会发展一些新概念吗？

（1）不，没有。

（2）是，总是。

（3）经常。

9. 他人是否认为你有一些新奇的事情要讲。

（1）是，我认为他们有这种感觉。

（2）不，我怀疑这一点。

（3）这是众所周知的。

10. 你是一个大家公认的革新者吗？

（1）不，我不敢那样讲。

（2）是，当然是了。

（3）也许有时是吧。

11. 你的思想以任何形式出版过？

（1）是，经常。

（2）是，有过一两次。

（3）不，从来没有。

12. 你为自己超前的思维不被人理解而感到失望吗？

（1）我没有这样的情况。

（2）是，我都快疯掉了。

（3）我有时会这样。

13. 你的思想在国外也很有名吗？

（1）根本没有。

（2）是，我享有国际声誉。

（3）在海外，只有少数人知道我。

14. 你发展过一些有全球影响力的概念吗？

（1）有一两个。

（2）没有。

（3）有，我的工作在世界上可重要了。

15. 对于在你所研究领域的高级专家面前开讲座、传达思想，你有足够的信心吗？

（1）我经常这样做。

（2）不，还是不要了吧。

（3）我也许会鼓起勇气。

16. 你能够用大家都能够理解的通俗的语言解释自己的思想吗？

（1）是，我想我可以。

（2）我的思想非常复杂，不是外行人能够理解的。

（3）我也许能够理解，但会很难。

17. 你期望 100 年以后的人们仍然听到你的名字吗？

（1）不，我认为不会这样。

（2）是，他们也许已经听到了。

（3）是，除非他们生活在修道院。

18. 你的思想会为我们的生活方式带来变革吗？

（1）我希望如此。

（2）我不信。

（3）不会才怪。

19. 人们是否因为不能够理解你的思维程序而嘲笑过你？

（1）是，但谁在乎这些呢？

（2）有时这是一个问题。

（3）不，没有。

20. 你认为自己有将世界变得更美好的想法吗？

（1）我希望如此。

（2）我不确定。

（3）我毫不怀疑这一点。

21. 你能够构想一些变革当今科学、数学或哲学的概念吗？

（1）当然可以了。

（2）我也许可以吧。

（3）不，我认为不可能。

22. 你是一个艺术家，你的想象力会改变人们看待艺术的方式吗？

（1）是，那就是我存在的价值。

（2）不，我没那么大本事。

（3）我希望有这样的事发生，但我不确实。

23. 你感觉自己体内有天才的种子吗？

（1）我对此表示怀疑。

（2）我认为可能有。

（3）有，我每天都这样跟自己说。

24. 你的思想会在自己的有生之年被人赏识吗？

（1）可能不会。

（2）可能会。

（3）最好会。

25. 你有被认可的地方吗？

（1）有一部分。

（2）我希望有。

（3）有，但我将来会有更多。

得分

	1	2	3		1	2	3		1	2	3
1.	c	b	a	10.	a	c	b	19.	c	b	a
2.	a	c	b	11.	c	b	a	20.	b	a	c
3.	a	c	b	12.	a	c	b	21.	c	b	a
4.	a	b	c	13.	a	c	b	22.	b	c	a
5.	a	b	c	14.	b	a	c	23.	a	b	c
6.	b	c	a	15.	b	c	a	24.	a	b	c
7.	a	b	c	16.	a	c	b	25.	a	b	c
8.	a	c	b	17.	a	b	c				
9.	b	c	a	18.	b	a	c				

得分与评析

本测试最高分为 75 分。

◆70~75 分

是的！你的确是一个有远见的思想家。你完全相信自己的思想，这对于一个天才来说是很重要的。

◆65~74 分

你对自己有远见的状况非常确信，但偶尔会有一点自我怀疑。

◆45~64 分

你的远见够不上做天才，你有好的主意，但是到最后你明白自己加入不了天才的行列。

◆44 分以下

不要放弃白天的工作。

二、问题解决思维知识点巩固

（一）问题解决的思维过程

问题解决是在当时的情境下，经由思考与推理而达到目的的心理历程。问题解决不仅是重大的决策问题，也包括日常生活中的普遍问题。每个人在日常生活中都会面对大量的常规的或是突发的问题，人们解决问题的过程就是一个不断思考、不断创新和不断实践的过程。问题解决的思维过程可分为 4 个阶段，即发现问题、明确和分析问题、提出假设以及检验假设。

1. 提出问题

问题解决中的"问题"不是简单的一句话可以回答的问题，而是必须经经由思考过程，寻找解决问题的策略，从而达到目的。发现并提出问题是问题解决的前提，能够推动人们去解决问题。

2. 分析问题

问题情境通常使人产生"现成的条件用不上，需要的条件不充足"的心理困境，明确和分析问题，就是分析问题的特点和条件，找出主要矛盾，确定问题范围，明确解决问题的方向。善于解决问题者，就是在当前受条件限制的情形下，能达到问题解决的目的。分析问题的关键所在，是明确地抓住问题的核心。把问题根据性质加以归类也是分析问题的重要环节，将问题归类，可以使思维活动更具有指向性，从而更有选择地通过现有的知识、经验来解决当前的问题。

3. 提出假设

解决问题的关键是找出解决问题的方案，即解决问题的原则、途径和方法。但这些常常不是简单地能够立刻找到和确定下来的，而是先以假设的形式产生和出现。假设就是关于引起一定结果的原因和推测。假设越合理，问题解决的过程就越顺利。所有问题解决的策略，在性质上只是假设；假设可以不止一个，只要能够获得预期的结果，可以有多个假设。

合理的假设的提出依赖一定的条件，首先是依赖已有的知识、经验，已有的知识、经验能否在解决当前问题中顺利地被运用，与掌握知识的程度有关，也与已有的知识同当前的关系有关。若已有的知识掌握得不够好，受具体情景所束缚，运用起来具有困难。其次，假设的提出也依靠直观的感性形象，复杂、困难的问题常常需要借助具体事物、示意图表、模型等来帮助解决。最后，尝试性的实际操作在提出假设的过程中也是必要的。此外，整个问题解决的过程都与语言有着非常紧密的联系。发现问题、分析问题、提出假设和验证假设的思维过程，都离不开语言的表述和重述。感性的经验和实际的动作以及语言的联系都对解决问题发挥着重要作用。

4. 检验假设

检验假设，是解决问题的最后一步，是指通过一定的方法来确定所提出的假设是否符合客观规律。方法主要有两种：一是实践检验，即按照假设去具体进行实验解决问题，再依据实验结果直接判断假设的真伪。如果问题得到解决就证明假设是正确的，否则假设无效。这种检验最根本，也最可靠。二是智力活动，即在头脑中，根据公认的科学原理、原则，利用思维进行推理论证，从而在思想上考虑可能发生的变化，在不能立即用实际行动来检验假设的情况下，常用这种间接检验的方式来证明假设。

（二）问题解决中的创新思维

创新或创新性活动是提供新的、首创的解决问题的思路或方法的活动。在创新性活动中的思维活动，一方面具有一般的解决问题的特点，另一方面又不同于一般的解决问题的过程。纵观人类创新活动的历史，其关键在于想象，特别是创新想象的参与。能够结合以往的经验，在头脑中形成新形象，把观念的东西形象化，是创新性地解决问题的关键。

1. 创新性地发现问题

正确地解决问题是建立在发现真问题的基础上的。著名思想家杜威说："一个良好的问题界定，已经将问题解决了一半。"打破固有思维、不断质疑，有助于创新性地发现问题。

19 世纪 60 年代，肖尔斯公司生产的打字机，由于机械在击打后弹回速度较慢，一且打字员打字速度较快，就容易发生绞键现象。为了解决这个问题，一位工程师建议——既然我们无法提高字键的弹回速度，为什么不设法降低打字速度？

这个办法得到了大多数人的赞同。但如何降低打字速度呢？公司想了一个办法，那就是把常用的字母放在最笨拙的手指下，而把不常用的字母放在最灵敏的手指下。于是，我们现在的键盘就这样设计出来了。

2. 创新性地分析问题

在日常生活、学习和工作中，主动地发现或者被动地遇到问题，都是很正常的事情。此时，首先要做的事情就是迅速、准确地对问题做出恰当的判断。通常情况下，分析问题可以从以下几个方面进行，即问题的现象是什么，问题发生的时间、部位和程序，问题发生的原因。以下方法有助于创新性地分析问题。

（1）"Pareto 图"

"Pareto 图"来自 Pareto 定律，该定律认为绝大多数的问题或缺陷的起因都相对有限，就是常说的 80/20 定律，即 20%的原因造成 80%的问题。"Pareto 图"又称为排列图，是一种柱状图，按事情发生的频率排序而成，它显示由于各种原因引起的缺陷数量或者不一致的排列顺序，是分析问题影响因素的方法。只有找到真正的问题，才能有的放矢。"Pareto 图"中根据柱形图顶端生成的曲线为 Pareto 曲线，说明了问题产生的原因。其中，各影响因素的排列顺序用于指导纠正措施，即应该首先解决引起更多缺陷的问题。

影响因素通常分为三类：A 类为累计百分数为 70%~80%的因素，它是主要的影响因素。B 类是除 A 类之外累计百分数为 80%~90%的因素，是次要因素。C 类为除 A、B 两类之外百分比为 90%~100%的因素。因此 "Pareto 图" 又叫 ABC 分析图法。

（2）MECE 法

MECE（相互独立、完全穷尽）是麦肯锡思维过程的一条基本原则。"相互独立"意味着问题的细分是在同一维度上并且是明确区分、不可重叠的，"完全穷尽"则意味这全面、周密。该方案重点在于帮助分析人员找到所有影响预期效益或目标的关键因素，并找到所有可能的解决办法，而且它会有助于管理者进行问题或解决方案的排序、分析，并从中找到令人满意的解决方案。通常的做法分为以下两种。

一是在确立问题的时候，通过类似的鱼刺图的方法，在确立主要问题的基础上，逐个往下层层分解，直至所有的疑问都找到，通过问题的层层分解，可以分析出关键问题和初步解决问题的思路。

二是结合头脑风暴法找到主要问题，然后在不考虑现有资源的限制的基础上，考虑解决问题的所有的可能方法，在这个过程中，要特别注意多种方法的结合有可能是新的解决方法，然后再往下分析每种解决方法所需要的各种资源，并通过分析比较，从上述多种方案中找到目前状况下最现实、最令人满意的答案。

三、拓展阅读启发——如何实现性能与价格的双重极致

2016 年 3 月 6 日，混沌研习社与小米科技联袂巨献 "小米生态链的产品极致法则"

专场，小米移动电源负责人张峰分享了他的"产品经"。他讲的题目是"性能与价格的双重极致，要经历几道坎"。

张峰说，小米移动电源一开始就是极致性能和极致价格突出的矛盾体，当雷总、刘总找我谈做移动电源的时候，实际上提出两个目标：第一个目标是用一流材料做最高端的99元的移动电源；第二个目标是用国产电芯做相对高端的69元的移动电源。我跟我们的团队做了很多的研究，发现做99元的移动电源相对来讲有机会，但是做69元的移动电源非常困难。

所以我们想先做99元的，去和雷总、刘总说，因为我们要专注，所以只做一款产品，要做到极致，做一款高端的产品。听起来非常有道理，大家听了都同意。但是临走的时候，雷总说99元不是很有竞争力的价格，他认为这一款产品要69元。我们听到以后，不知道我是怎么离开小米的。从一开始，小米移动电源就是一个极致性能和极致价格的突出矛盾体，我们拥有99元的性能，最后价格被定为69元。

把一个产品做到极致，不但要解决性能、质量等技术问题，还要解决美观、工艺和用户体验等各方面的问题。我们要在产品极致的前提下做到价格极致，让价格低到令用户尖叫，要进一步解决原材料性价比的稳定、与供应商的双赢、订单与生产能力的协调等更为复杂的问题。小米移动电源的开发和量产，就是在解决上述问题的过程中，拼命跨过了"梦想、性能、价格、供应链、病毒和股东"这6道坎，才完成了颠覆业界的单品"绝杀"。

四、案例启发

（一）向和尚推销梳子

经理派4个营销员去寺庙里向和尚推销梳子。结果第一位营销员空手而归，他的理由是寺庙里的和尚都没有头发，不需要梳子。第二位营销员卖掉了十多把梳子，他向经理汇报说：我告诉和尚，头皮要经常梳，不仅止痒，还可以活络血脉，有益健康。第三位营销员卖了百把梳子，他解释道：我到寺庙里去跟老和尚讲，您看这些香客多么虔诚呀，他们在这里烧香磕头，然而每磕几个头，头发就乱了、香灰也落在了头上，如果您在每个庙堂里放几把梳子，他们磕完头，上完香可以梳梳头，这样一来，香客就能深切感受到寺庙的关心，下次他们也一定还会来。第四个营销员却推销掉了几千把梳子。他向别人传授经验道：我到寺庙里跟老和尚说，我们中国素来讲究礼尚往来，寺庙里经常受人捐赠，总要给人回报。而梳子就是你们可以送的最便宜的小礼物。另外，您还可以在梳子上写上寺庙的名字，再写上"积善梳"几个字，说可以保佑对方，这样作为礼品储备在那里，谁来了就送，保证寺庙里香火更旺。第四个推销员找出问题所在，超越自我，积极、主动地解决问题，因此取得了最大的收益。

（二）垃圾箱调查助其成功

在一家大型销售企业，在不同的城市有几十家连锁超市，每年销售额都在十几亿元以上，公司将在某市某小区附近设立新店，于是决定招聘销售部主任和营销员。

招聘启事一公布，立刻被各地求职者围了个水泄不通。经过几轮选拔，最后符合要求的求职者有 60 多人，但最终只有 10 人会被录用，其中成绩最佳者将直接被任命为销售部主任。到了最后一关，公司对招聘人员只出了这样一道题：在 3 天之内调查清楚小区的购买力情况，时间短、信息准者受聘。

上午 10 点整，所有求职者准时出发。下午 2 点，有一个叫周逊的年轻人第一个交了答卷。第二天下午，陆陆续续有人送交答卷。到了第三天，共收回有效答卷 53 份。有求职者在招聘大会上当场宣读自己的调查结果，供评委审议。

求职者们的调查方法五花八门，有人采取了抽样调查法，但是这种方法太辛苦，并且，也有很多被调查者不太情愿接受调查。有人采用了电话调查法，这种方法虽然不累，不过电话费也是一笔不小的开支。有人采取了直接询问法，这种方法得到的数据不太可靠，受访者都随意回答，不确定因素太多，另外，花的时间也不少。

最后，最早交卷的周逊被任命为营销部主任，因为他调查所得的结论与其他人基本一致，但是在所用时间和费用上却比其他人节省很多。原来，他并没有接触小区里的任何一个人，只是对小区里所有的垃圾箱进行查看，根据垃圾箱的数量、包装、品牌，从而得出这个小区总体消费水平的大致数字。

在绝大多数应聘者看来，要想调查清楚小区的购买力情况，就需要采用相应的调查法，不管是抽样调查法也好，电话调查法也罢，都是应该用到的一种调查手段。而周逊却跳出了思维定势，不调查人而去调查小区里所有的垃圾箱。遇到问题的时候，不急于按照习惯的思维去处理，有利于打破思维之墙，转换另一种观念思考问题，往往会取得"事半功倍"的效果。

五、问题解决思维游戏实战体验

1. 寻找合适的部分

如图 7-1 所示，把下边 12 个部分放置到三角形的格子上，但须满足下列几个条件：格子上的每个连接线必须被同样的连接线覆盖，连接部分不能旋转，并且所有的连接线都必须被覆盖。

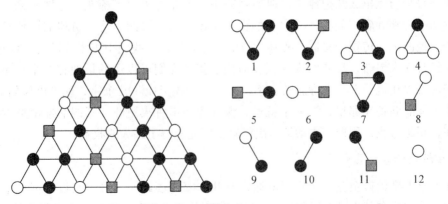

图 7-1

2. 更多的火柴游戏

（1）如图 7-2 所示，只移动两根火柴，你能使正方形的数量增加两个吗？

（2）再移动一根火柴棍，你能使正方形的数量再增加两个吗？

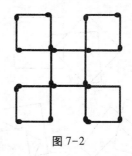

图 7-2

3. 独特的钟表

如图 7-3 所示，问号应用什么数字来代替？

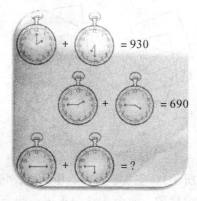

图 7-3

4. 有趣的木桶

如图 7-4 所示，一个酒商有 6 桶葡萄酒和啤酒，容量分别为 30 加仑、32 加仑、36 加仑、38 加仑、40 加仑、62 加仑，有 5 个桶里装着葡萄酒，1 个桶里装着啤酒。第一位顾客买了 2 桶葡萄酒，第二位顾客买的葡萄酒是第一位顾客的两倍。哪一个桶里装的是啤酒？

图 7-4

5. 三个正方形

如图 7-5 所示，观察 3 个正方形，它们有一个特点，下列只有一组图形具备这一特点。这一特点是什么？哪一组和它们相配？

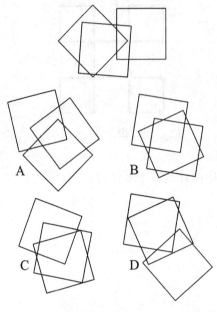

A　　B

C　　D

图 7-5

6. 学习安排

3 位大学生（如图 7-6 所示），安妮、贝斯、康迪思，每人学习 4 门功课，其中有两个人学习物理，两个人学习代数，两个人学习英语，两个人学习历史，两个人学习法语，两个人学习日语。

安妮
如果她学习代数，那么也学习历史；
如果他学习历史，那么也学习英语；
如果她学习英语，那么也学习日语。

康迪思
如果她学习法语，就不会学习代数；
如果她不学习代数，就学习日语；
如果她学习日语，就不会学习英语。

贝斯
如果她学习英语，也会学习日语；
如果她学习日语，就不会学习代数；
如果他学习代数，就不会学习法语。

你知道这 3 位学生的学习情况吗？

图 7-6

7. 变速箱

如图 7-7 所示，下面的变速箱包括 4 个能互相齿合的齿轮和两条传送带，如果有 48 个齿的大齿轮顺时针旋转 10 圈的话，这一装置底端轮子上的指针将按什么方向旋转？旋转的次数是多少？

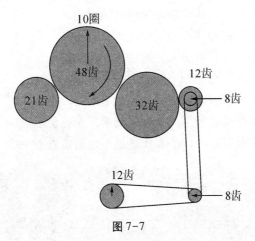

图 7-7

8. 寻找路线

如图 7-8 所示，从顶端的数字开始，寻找一条路线达到底端的数字。每次只能在水平线上向下移动一层。

（1）你能找到一条路线，使所经过的数字总和是 216 吗？

（2）你能找到两条不同的路线，使所经过的数字总和是 204 吗？

（3）走哪条路线，可以使所经过的数字总和最大，最大值是多少？

（4）走哪条路线，可以使所经过的数字总和最小，最小值是多少？

（5）如果经过的数字总和是 211，共有多少条路线？具体是哪几条？

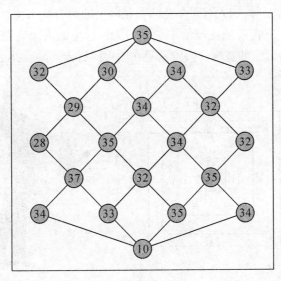

图 7-8

9. 看演出

4 对夫妻去看演出，他们全都坐在一排，但是丈夫和自己的妻子并不紧挨着，而且这一排的两端分别坐着一位男子和一位夫人。他们的名字分别是安德鲁斯、巴克、柯林斯和邓罗普，如图 7-9 所示。请根据下列提示推算出他们的座位安排。

（1）邓罗普夫人或者是安德鲁斯先生坐在最靠边的位子上。

（2）安德鲁斯先生坐在柯林斯夫妇中间。

（3）柯林斯先生坐在邓罗普夫人旁边的第二个座位上。

（4）柯林斯夫人坐在巴克夫妇中间。

（5）安德鲁斯夫人坐在紧挨着最后的位子上。

（6）邓罗普先生坐在安德鲁斯先生旁边的第二个座位上。

（7）柯林斯夫人离最右边的位子要比离最左边的位置近一些。

图 7-9

10. 围着花园转圈

如图 7-10 所示，一位妇人有一个花园，花园里的路有两米宽，并且路两边还有篱笆。路是螺旋状的，一直通到花园的中央。一天，这位妇人沿着路走着，最后来到花园的中央。如果忽略篱笆的宽度，假定她是在路中间行走。她一共走了多长距离？

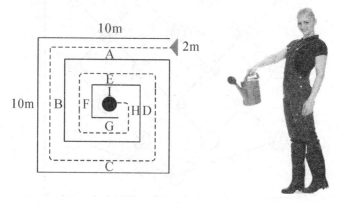

图 7-10

第八章　创新技法应用

一、个性测试：灵感

　　天才需要灵感。所有灵感都必须有出处。那么灵感来自哪里呢？你很容易找到灵感吗？还是需要提示才能产生一个新的想法？尝试下边的测试题，看看你的灵感如何。

　　1. 你感觉自己的工作是受到"上天"的启示吗？

　　（1）是，当然是了。

　　（2）不，根本不是。

　　（3）也许吧，我没有太多地考虑这个问题。

　　2. 你做梦的时候会获得好点子吗？

　　（1）从来不会。

　　（2）偶尔会。

　　（3）非常频繁。

　　3. 你发现有价值的想法会在白天或者夜晚的某个固定的时候闯进你的大脑吗？

　　（1）经常如此。

　　（2）有时发生。

　　（3）不，没有发生过这种现象。

　　4. 如果你聆听一首动听的音乐，它会激发你的灵感吗？

　　（1）不太会。

　　（2）会，音乐是灵感的伟大源泉。

　　（3）可能会吧。

　　5. 你发现其他天才的作品对你有启发性的影响吗？

　　（1）是，当然了。

　　（2）这曾经影响过我。

　　（3）不，我发现这对我不管用。

　　6. 你必须为有个好想法而努力工作吗？

　　（1）是的，这个是唯一的方法。

　　（2）不，好想法会很容易到来。

　　（3）有时我很幸运，但是多数情况下需要努力工作。

　　7. 你会面对一张白纸（或空白电脑屏幕）发呆几个小时，而结果什么想法也没有吗？

　　（1）不，幸亏我不会。

（2）像许多人一样，我有时也会思维"卡壳"。

（3）常有的事。

8．你是否需要经历某些仪式才能够使自己进入"思维模式"？

（1）是，这些仪式能够起到作用。

（2）没有什么能够帮助我，我需要坚持不懈才会有好的主意出现。

（3）我不需要仪式，好的想法会自己到来。

9．你是否必须有合适的心情才能够获得新的想法。

（1）不，我不需要任何特别的心情。

（2）是，适合的心情能够起到一定作用。

（3）对于我来说，没有什么"合适"的心情。新的想法对于我来说简直就是长途跋涉。

10．当你根本没有任何想法的时候，你是否有类似于"思维阻塞"的情况出现？

（1）经常。

（2）有时。

（3）从来没有。

11．你是否有过这样的时期：主意来得非常快，以至于你不得不通宵达旦地工作才能够赶上创造性的思绪。

（1）很不幸，我没有。

（2）只是非常偶然的情况下才有。

（3）是，经常发生。

12．你需要使用什么技巧（例如冥想或者瑜伽）来保持你的创造性思维流畅吗？

（1）它不流畅，而是渗出。非常缓慢，技巧是不管用的。

（2）我的思绪非常流畅，不需要额外的帮助。

（3）是，我发现有些技巧确实管用。

13．你害怕自己的创造性思维哪一天将会完全枯竭吗？

（1）是，会害怕。

（2）我不能够想象这样的事情。

（3）我的创造性思维也许已经枯竭了。

14．你发现有时必须寻求他人为你提供的灵感吗？

（1）有时他们能够帮忙。

（2）我从来不需要任何人的帮助

（3）老实说，能够帮忙的人不多。

15．有没有人能够激发你的灵感？

（1）有。

（2）我不是告诉过你吗？我不需要帮助。

（3）仍然很艰难。

16．如果你被单独监禁，你的灵感会消失吗？

（1）没有什么能够阻碍我产生灵感。

（2）是，当然会停止了

（3）谁想单独监禁？我的灵感会自然停止。

17. 你的健康状况与你的灵感多少成正比吗？

（1）是的，虽然我缺乏灵感。

（2）是的，我感觉灵感在驱使着我前进。

（3）我总是很有灵感，感觉很虚幻。

18. 一个伟大的雕塑家说，"你的雕像已经存在了，他要做的就是把多余的石头切割下来"。你对自己的作品有同样的感觉吗？

（1）始终有。

（2）我不断切割，但什么也没有切下来。

（3）我明白他的意思，但对于我来说不会来得那么容易。

19. 如果你的灵感枯竭，你能够继续活下去吗？

（1）不，那将是我的始终。

（2）我会竭力活下去。

（3）你说的"如果"是什么意思。

20. 目前，你的生命中有这样的一刻吗？即你感到自己有一个智力突破点。

（1）有。

（2）肯定没有。

（3）曾经有无数次小小的成功。

21. 他人有向你寻求灵感吗？

（1）从来没有。

（2）是，有时候。

（3）当然了，一直都有人这么说。

22. 爱迪生说过："天才是1%的灵感加上99%的汗水。"你怎么看？

（1）对，我就是这样的一个人。

（2）不对，靠努力无法成为天才。

（3）我想其中有一定的道理。

23. 灵感是你生活的中心吗？

（1）不是。

（2）我希望是。

（3）绝对是。

24. 你感觉伟大的艺术或自然科学能够给人以鼓励吗？

（1）是，虽然我不要外界的帮助。

（2）是，肯定会。

（3）不，我感觉他们很有趣，但是我仍然需要努力工作才能拥有自己的想法。

25. 你会不断追求一个真正巨大的创意吗？

（1）是，但不会成功。

（2）是，我希望找到。

（3）不，我已经有了。

得分

	1	2	3		1	2	3		1	2	3
1.	b	c	a	10.	a	b	c	19.	c	b	a
2.	a	b	c	11.	a	b	c	20.	b	c	a
3.	c	b	a	12.	a	c	b	21.	a	b	c
4.	a	c	b	13.	c	a	b	22.	a	c	b
5.	c	b	a	14.	c	a	b	23.	a	b	c
6.	a	c	b	15.	c	a	b	24.	c	b	a
7.	c	b	a	16.	c	b	a	25.	a	b	c
8.	b	a	c	17.	a	b	c				
9.	c	b	a	18.	b	c	a				

得分与评析

本测试最高分为 75 分。

◆70～75 分

你的灵感非常强烈。你从来不缺乏主意，缺乏的只是抓住这些灵感所需要的时间。

◆65～74 分

你的灵感很流畅，你意识到你的灵感并不是无限的，但是最后你总会没事的。

◆45～64 分

你必须得为获得灵感而努力工作，什么来的都不容易，你经常害怕自己的灵感会完全枯竭。

◆44 分以下

创意对你来说来得一点也不容易。

二、创新技法内涵与基本原则

（一）创新技法的内涵

所谓创新技法就是指人们收集大量成功创新的实例后，研究其获得成功的思路和过程，经过归纳、分析、总结，找出的规律和方法。简而言之，创新技法就是人们根据创新思维的发展规律总结出来的一些原理、技巧和方法。

创新技法作为一种指导人们进行创新的方法，既不是某些天才凭空想出来的，也不是创造学家有意杜撰出来的。创新技法的产生，既有社会的历史原因，也是科学发展的必然，是随着社会的发展、人类的进步而产生的。

（二）创新技法的基本原则

目前，世界上的创新技法有 300 多种，主要是一些非程式化的方法。但从整体上看，每种创新技法都离不开这些基本原则。

1. 自由畅想原则

创新技法没有边界，没有禁区，没有权威，没有止境，创新没有任何条条框框。想象力是创造性思维能力的核心，想象也是没有任何规则的。因而，使用创新技法也必须破除一切规则，鼓励自由畅想，让思维自由驰骋。

2. 信息刺激原则

创新不能脱离社会实践，闭门造车。脱离社会实践既不能发现问题，也难以解决问题，不利于创造。信息是打开新思路的钥匙，信息越多，则越有利于想象和联想。许多不同领域的信息，可以启发我们破除习惯性思维而开拓新思路，潜意识也能在信息的刺激下涌现。因而，创新技法必须为充分调动各种信息而创造条件。

3. 集思广益原则

"三个臭皮匠，抵个诸葛亮"，集体智慧是创造力的源泉，大力开展集体创造，是创新技法的重要原则。

4. 集中求质原则

习惯性思维思路很狭窄，要搞创新必须拓宽思路。各种创新技法都应利用发散思维和聚合思维的形式，先求数量，然后从数量中寻找最佳思路。

5. 同中求异和异中求同相结合的原则

世界上的事物千差万别，隔行如隔山，但都殊途同归，隔行不隔理，对于其中既有联系，又有区别的情况，从事创造时必须善于从相同中找差异，从不同中找规律，则可发现处处都是创造的天地。

6. 需要导向原则

环境虽然是外因，但良好的环境对创新有很大的促进作用，良好的思维环境可以促进创新活动的系统工程取得成功。

7. 尊重科学原则

任何创新都不能违背科学，否则将一事无成。故敢于创新绝不是乱造，尊重科学规律才能取得丰硕成果。

8. 综合创新原则

不同而相关联的事物或现象综合起来，可以组成无穷的创新演变，综合是创新的重要渠道。

三、创新技法的种类

国内外创新学家通过对大量成功创造创新案例的深入分析、归纳，总结出具有规律性的方法和程序。日本出版的《创新技法大全》总结了 300 多种创新技法。各种方法都有各自的特点、局限性和适应范围。

（一）三分法

日本创新学会会长高桥诚先生把创新技法分成扩散发现技法、综合集中技法和创新意识培养技法。

1. 扩散发现技法

该方法主要寻求问题所在，再提出设想。具体表现为：①自由联想技法，通过类比、相似和相反这三种联想方法来提出设想；②强制联想技法，把课题和提示强制性地联系起来思索设想；③类比发现技法，把本质上相似的因素做提示来考虑设想；④特殊发现技法，通过催眠或睡眠，用印象暗示进行设想；⑤问题发现技法，分析问题并寻求解决问题的关键；⑥面洽技法，通过面洽发现问题并寻求设想；⑦收集情报工具技法，即收集数据并加以整理的工具和系统。

2. 综合集中技法

该方法主要是收集情报，或者用于按照顺序来解决问题。具体表现为：①一般综合技法，即收集情报的技法，可用于各领域；②卡片式综合技法，在一般综合技法中利用卡片收集情报；③技术开发技法，主要用于产品开发和设计；④销售技法，主要用于销售及广告等领域；⑤预测技法，主要用于未来预测及技术预测等方面；⑥计划技法，考虑有效地执行解决问题的策略和程序。

3. 创新意识培养技法

该方法为解决各种问题而培养创新意识的方法。具体表现为：①集中精神技法，为提出设想而控制大脑集中思考的方法；②协商技法，为解决人际关系的问题和烦恼以维持情绪的稳定状态；③心理剧技法，通过喜剧表演产生心理上的自由感以及创新性行为；④思维变革技法，训练思维活动和思维灵活变化的技法。

（二）基于人数的创新技法分类

1. 个人创新技法

该方法顾名思义是指单独的创新者即可实施的创新技法。如缺点列举法、自由联想法、卡片法等。

2. 集体创新技法

与个人创新方法相对应，是由若干创新者共同实施的创新技法。如头脑风暴法、综摄法等。

应该说明的是个人创新技法和集体创新技法之间并无绝对界限。许多个人创新技法也可采用集体形式（如小组）来开展创新，而在实施集体创新技法的过程中，每个参与的个体又可运用个人创新技法以充分发挥自身的作用。

3. 基于创新发明过程分类

创新发明一般包括三个阶段：选题、寻找解决方法、完成三个阶段。不同阶段有不同的创新技法。

第一阶段：选择发明课题。主要解决问题：如何产生尽可能多样的课题；如何从众多的课题中选定有价值的和较易解决的课题。例如：塑料袋新用途的发明；交流电的发明。主要创新技法有：缺点发现法、程序设问法、希望点列举法、组合法、信息交融法等，如穿绳器的发明、防触电插座的发明。

第二阶段：寻找解决课题的设想。这一阶段是发明过程的核心，是富有创新性的阶段。这一阶段的实质是提出解决课题的原理、方法和设想。这一阶段的进行，主要靠发明者的信息占有量、创造性思维方法和个性品质。现有大量的创新技法主要集中应用在这个阶段。

第三阶段：完成发明的设想。经过利用专业知识精心设计、修正完善方案、物化为产品（需要懂得生产方面的知识、如设备、材料、生产工艺流程等）这些环节。应用于这一阶段的技法主要有：计划评审法，关联树法等。对创新发明者个人来说，不一定要完全走完这三个阶段，而主要的是完成第二个阶段，至于第一个阶段和第三个阶段可以通过与别人合作来完成。

四、创新技法综合应用

（一）头脑风暴法应用

1. 头脑风暴法的内涵

头脑风暴法是典型的集体创新技法。当一个人冥思苦想不得其解的时候，大家挤在一起相互讨论、相互激励、相互补充，会引发思维的"共振"，更容易打破思维定势，激荡出不同凡响的创意。

头脑风暴法又称智力激励法。头脑风暴法就是为了产生更多较好的新设想、新方案，通过一定的互动形式，创设能够相互启发、引起联想、发生"共振"的条件和机会，以激励人们智力的一种方法。

2. 案例启发——直升机扇雪

有一年，美国北方格外严寒，大雪纷飞，电线上积满冰雪，大跨度的电线常被积雪压断，严重影响通信。过去，许多人试图解决这一问题，但都未能如愿以偿。后来，电信公司经理应用奥斯本发明的头脑风暴法，尝试解决这一难题。他召开了一种能够让头脑卷起风暴的座谈会，参加会议的是不同专业的技术人员，要求他们必须遵守这些原则，即自由思考、延迟评判，以量求质，结合改善。

按照这种会议规则，大家七嘴八舌地议论开来。有人提出设计一种专用的电线清雪机；有人想到用电热来化解冰雪；也有人建议用震荡技术来清除积雪，还有人提出能否带上几把大扫帚，乘坐直升机去扫电线上的积雪，对于这种"坐飞机扫雪"的设想，大家心里尽管觉得滑稽可笑，但在会上也无人提出批评。相反，有一工程师在百思不得其解时，听到积雪飞机扫雪的想法后，大脑突然受到冲击，一种简单可行且高效率的清雪想法产生了。他想，每当大雪过后，出动直升机沿积雪严重的电线飞行，依靠高速旋转的螺旋桨即可将电线上的积雪迅速扇落。他马上提出"用直升机扇雪"的新设想，顿时又引起其他与会者的联想，有关用飞机除雪的主意一下子又多了七八条。不到 1 小时，与会的 10 名技术人员共提出 90 多条新设想。

（二）组合创新技法应用

1. 组合创新的内涵

20 世纪 50 年代后，创新开始由单项突破走向多项组合，独立的创新逐渐让位于"组合型"创新。由组合求发展，由综合而创新，已成为当代技术发展的一种基本方法。索尼半导体的研制者菊池诚博士曾指出："我认为搞发明有两条路：第一条是全新的发现，第二条是把已知其原理的事实进行组合。"

组合创新技法是指两种或两种以上的学说、技术或产品的一部分进行适当的叠加和组合，以形成新学说、新技术或新产品的创新方法。组合创新就是运用创新思维把已知的若干事物组合成一种新事物的过程，最基本的思维基础是联想思维。

组合创新中的含意并不是一种简单的相加，而是依据事物之间所固有的内在联系进行的有目的的综合。组合创新需要满足两个条件。一是由不同的因素构成的具有统一结构与功能的整体；二是组合物应具有新颖性、独特性和价值性。所以这里的组合并不是一般意义上的叠加、排列、堆积，而是包含有联系和衔接及其他整体因素的有目的的综合。

组合创新的方法很多，这里主要介绍：主体附加法、异类组合法、同类组合法、分解组合法。

2. 案例启发——车载收音机

以通信业务著称的摩托罗拉，最初是靠经营汽车收音机业务起家的。20 世纪 20 年代，汽车风靡之际，收音机开始大行其道，这两种新型产品的结合，成了不可避免的趋势。由于安装过程复杂、音质不良且价格不菲，最要命的是如果要收听广播，司机必须把引擎停下来，很多人为此拒绝在汽车上安装收音机。

摩托罗拉的前身高尔文公司敏锐地捕捉到了背后的商机。经过不断研发，1930 年6 月，高尔文制造公司生产出一台样机。在收音机制造商协会组织的产品展示上，高尔文公司虽然没钱在会场租一个展位，但它将汽车停在会场外，然后把样机安装在车内，以便参观者入场前就能看到他们的收音机。

高尔文公司还编制了《汽车收音机安装服务指南》小册子，对收音机安装方法和步骤做了详细说明，同时宣称"高尔文汽车收音机的购买者，无疑是最贵的"，以唤起用户的成就感。为满足大众需求，高尔文汽车收音机的定价仅为 50 美元，约为普通工人一周的薪酬。随着安装问题的逐步解决，公司业绩很快提升。1930 年年底，公司销售额近 30 万美元。

为了强调行进中的收音广播，高尔文公司将已颇有名气的收音机取名为"摩托罗拉"。"摩托"是汽车的引擎，"罗拉"形容汽车收音机里传送出的欢快悦耳的声音。这个名字朗朗上口且有趣，就像"可口可乐"一样，很快便传开了。

(三) 列举创新技法应用

列举创新技法就是将某一事物、某一特定对象，如问题，特点、优点或缺点等，全面列举出来，再针对列出的这些项目提出改进意见。

1. 列举创新技法的内涵

20 世纪 50 年代，美国布拉斯加大学新闻学的克劳福德教授提出了属性列举法。克劳福德教授认为：创造并不单凭灵感，很大程度上依靠改造和实验，这种改造并不是指机械地将不同的产品结合起来，而是应对它有用的特点进行改造，并尽量地吸收其他物体的特点，尽量地列举研究对象的特征，这种改造是十分有益的。

概括地说，属性列举法是一种通过列举，分析特征，应用类比、移植、替代、抽象的方法变换特征获得发明目标的方法。属性列举法的基本步骤如图 8-1 所示：首先要将研究对象的属性列出，如该事物的名词属性特征、动词属性特征、形容词属性特征等，对所列这些属性逐一进行分析，在分析的基础上提出变换改进等，并论证这种变化的结果，最后得到新的创意与新的构想。

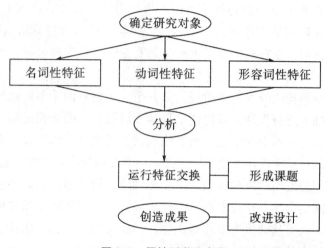

图 8-1　属性列举法步骤

2. 案例启发——狮王牙刷的改造

日本狮王牙刷公司有一名职员叫加藤信三。他每次刷牙时，牙龈都会出血，由此，他想改造一下牙刷。他对公司现有的牙刷进行了研究，通过仔细分析现有的牙刷存在哪些缺点。经过研究，他列出了牙刷的几个缺点：牙刷毛顶端呈锐利的直角，质地太硬，刷毛排列不科学，造型不美观。他据此进一步确定改进目标：把牙刷毛顶端改成圆角，寻找刷毛替代材料，要刷得干净、舒服、方便，同时，还使牙刷的外形更合理、美观。在此基础上，加藤信三对牙刷进行了全面的改造。改造后的牙刷受到顾客欢迎。加藤信三也因此成为公司的董事长。

（四）类比创新技法应用

1. 类比创新技法的内涵

事物间的联系是普遍存在的。基于这种联系，我们的思维得以从已知变为未知，从陌生变为熟悉。这期间，我们脑内产生的联想和类比过程可以被看作是事物普遍联系在思维中的一种体现。创新所追求的是新颖、未知的事物。为此，需要借助于现有的知识与经验或其他已知的、熟悉的事物作桥梁，获得借鉴、启迪。这就是联想类比在创新中的非凡作用。广泛的兴趣、宽厚的知识、灵活的思维是有效运用类比技法进行创新的必要条件。美国创造学家戈登对创新过程中常用的类比方法进行了分析研究，总结了最基本的 4 种类比方式，对创新的发展产生了很大的影响。类比创新技法的基本原理是移植原理。

拟人类比是指把自己设想为创造对象的某个因素，并由此出发，设身处地地进行想象。例如，当我是这个因素时，在所要求的条件下会有什么感觉，或采取什么行动。比如挖土机、榨汁机的发明。挖土机可以用模拟人体手臂的动作来进行设计，它的主臂如同人的上下臂，可以左右上下弯曲，挖斗似人的手掌，可以插入土中，将土抓起。很多机器人的设计也主要是从模拟人体动作入手的。

直接类比是指从自然界或已有的成果中寻找与创造对象相类似的东西作为比较。如古代巧匠鲁班发明了锯子就是从草割破手指而得到的启发。汽车上的车灯、喇叭、制动器等控制方式皆可适当改变后用于汽艇；武器设计师通过分析鱼鳃启闭的动作，设计成枪的自动机构；而农机师看了机枪连射发明了机枪式播种机；美国飞机发明家莱特兄弟以他的"谁要飞行，谁九仿鸟"作为名言。

直接类比的创新技法分为两个阶段：第一个阶段是对两个事物进行比较；第二阶段是在比较的基础上进行推理，即把其中与某个对象有关的知识或结论推移至另一个对象中。科学史上，有不少科学家应用类比创新法提出重要的假说，有力地促进了科学的发展，也有的科学家应用类比方法获得了科学发现和技术发明。运用直接类比法，主要通过描述与创造发明对象相类似的事物和现象去形成富有启发的创造性设想。直接类比是事物之间的类比，在技术发明中经常采用的思路就是将需要创造的对象与其他事物进行类比。人类从动植物中获得灵感的类比又叫仿生法。雷达、飞机、电子警犬、潜水艇等科技产品都是模仿生物发明的。

象征类比这是一种借助事物形象或象征符合，表示某种抽象概念或情感的类比。有时也称符号类比。这种类比，可使抽象问题形象化、立体化，为创意问题的解决开辟途径。戈登说过："在象征类比中利用客体和非人格化的形象来描述问题。根据富有想象的问题来有效地利用这种类比。这种想象虽然在技术上不精确，但在美学上却是令人满意的。象征类比是直觉感知的，在无意中的联想一旦作出这种类比，它就是一个完整的形象。"

针对待解决的问题，用具体形象的东西作类比描述，使问题形象化、立体化，为创新开拓思路。经过千百年的发展，许多特有的符号形式约定俗成，将抽象的概念视觉化、直观化。例如鸽子象征和平、铅笔象征设计、圆形象征圆满等，可以说这些符号是独立于文字语言以外的人们共同认可、带有一定通用性的视觉语言。他们不仅在发明创造的领域上，更在绘画、雕塑、电影、建筑等领域的创新上起到至关重要的作用。

幻想类比也称空想类比或者狂想类比，它是变已知为未知的主要机制，但无明确定义。戈顿认为，为了摆脱自我和超越自我的束缚，发掘潜意识的"本我"优势，最好的办法是"有意识的自我欺骗"，而幻想类比就能发挥"有意识的自我欺骗"的作用，简而言之，就是利用幻想来启迪思路，古代神话、童话、故事中的许多幻想，在技术逐步发展之后很多已变为现实。

在上述四种类比中，直接类比是基础，其他三种类比是由此发展而成的。这四种类比各有特点与侧重，他们在创造创新活动中相互补充、渗透、转化，都有着不可或缺的作用。

2. 案例启发——微信红包来了

2014 年，马年春节最快乐的事之一莫过于"抢"微信红包，少则几分钱，多也不过几十元，微信搭建的抢红包平台，不费一枪一弹，却让全国微信用户为之疯狂，实在有些始料不及。微信红包的创意来源于传统红包，微信红包作为一种新兴的产物，具有互动性、游戏性、趣味性、随机性等特点，符合当前潮流大势。腾讯数据显示，从除夕开始，至大年初一 16 时，参与抢微信红包的用户超过 500 万，总计抢红包 7 500 万次以上。领取到的红包总计超过 2 000 万个，平均每分钟领取的红包达到 9 412 个。

腾讯借助微信红包，在腾讯进入移动支付领域以来打了最漂亮的一仗，腾讯用近乎于 0 的推广成本，迅速抢到了个人移动支付市场的制高点，给了支付宝狠狠一击。被马云称为宛如"珍珠港偷袭"。

五、创新技法应用游戏实战体验

1. 具有逻辑创新的钟表

如图 8-2 所示，这些钟表都具有一种神秘的创新逻辑性，第四个钟表应该显示什么时间？请在所提供的选项（如图 8-3 所示）中进行选择。

图 8-2

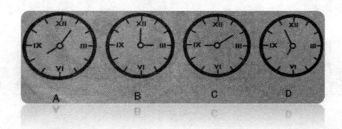

图 8-3

2. 城市网络

如图 8-4 所示，城市的楼群建筑在两条主要马路 A 和 B 之间，如同纽约的曼哈顿一样。从 A 通向 B，共有多少条不同的路？

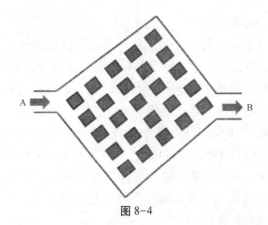

图 8-4

3. 图形变动

观察图形序列（如图 8-5 所示），1 至 6 选项（如图 8-6 所示）中哪一项属于 J？哪一项属于 N？

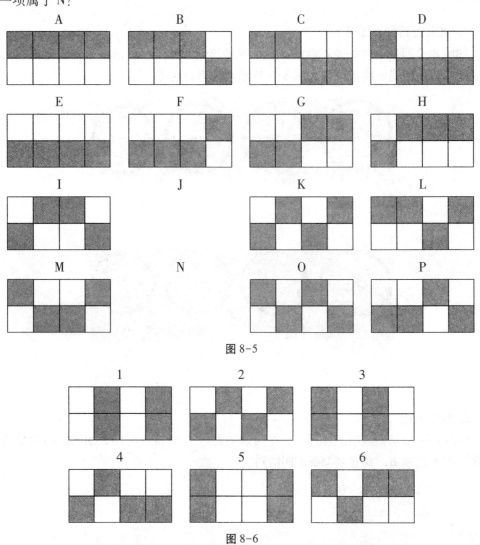

图 8-5

图 8-6

4. 迷宫的奥秘

如图 8-7 所示，请你找出合适的路线。

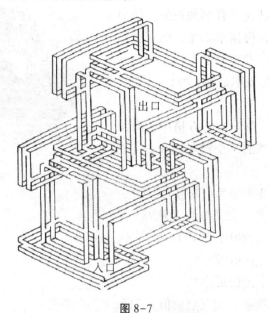

图 8-7

5. 序列的解决方案

如图 8-8 所示，A、B、C 和 D 哪一个选项可以连接这个序列？

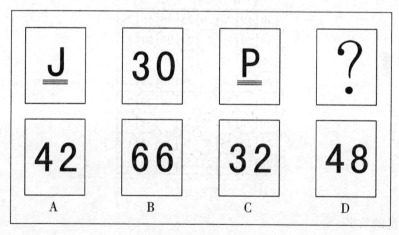

图 8-8

6. 密西西比赌徒

经验丰富的赌徒只玩投骰子，但他要用自己的骰子。他有 3 个不同颜色的骰子，每个颜色的骰子上有 3 个不同的数字，每个数字各出现两次。

红色骰子 2-4-9-2-4-9（总数 30）

蓝色骰子 3-5-7-3-5-7（总数 30）

黄色骰子 1-6-8-1-6-8（总数 30）

赌徒不是利用自己的优势使对手处于不利地位，而是让对手先挑选骰子，然后自己再选。

赌徒是怎样使自己处于有利地位的？他似乎总是略胜对手一筹，根据平均率，他获胜的概率总是超过 50：50，你能计算得出来吗？并且能说出他获胜的实际概率是多少吗？

图 8-9

7. 方格游戏

如图 8-10 所示，在下边的方格中，交叉点的数字等于与其相邻的 4 个数字之和。你能回答下边的问题吗？

（1）方格中有哪 3 个交叉点的值为 100？

（2）哪个（或哪些）交叉点的值为 92？

（3）有多少交叉点的值小于 100？

（4）哪一个交叉点的值最大？

（5）哪一个交叉点的值最小？

（6）哪一个（或哪些）交叉点的值为 115？

（7）有多少个交叉点的值为 105？它们是哪一些？

（8）有多少交叉点的值为 111？它们是哪一些？

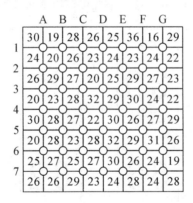

图 8-10

8. 杂乱的数字

如图 8-11 所示，你能确定问号应由哪些数字来代替吗？

2	6	7	9	1		6	1	4	3	8		4	0	3	3	5	
8	0	2	7	6	D F A	9	4	4	2	3	B I H	?	?	?	?	?	G C E
5	3	0	2	4		3	2	6	8	7		1	9	7	8	1	

图 8-11

9. 数字之谜

如图 8-12 所示，从左上方的圆开始，按顺时针方向计算，求出问号代表的数字。

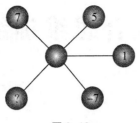

图 8-12

10. 方格的类型

如图 8-13 所示，下边格子中，有 3 个方格分别标着 A、B、C，有 3 个方格分别标着 1、2、3。里边的 9 个方格分别包含上述方格中的线条和符合，其中有一个方格是不正确的，是哪一个？

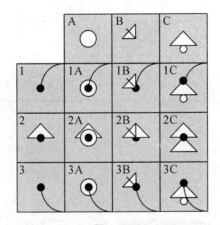

图 8-13

第九章 综合思维训练实战检测

第一套 综合思维训练检测

1. 带阴影的方格

如图 9-1 所示，观察这些图形，A、B、C、D 中哪一项是这一序列中的下一个图形？

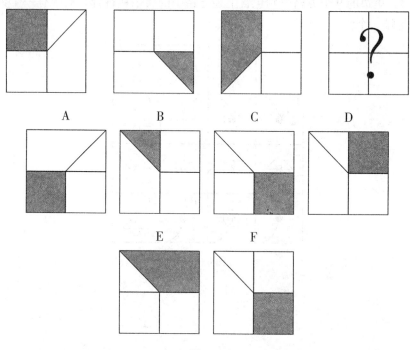

图 9-1

2. 枪支的价钱

比尔和乔丹是养牛的农场主。一天，他们决定卖掉他们的小公牛去养绵羊。他们把牛带到市场上，每头小公牛卖的价钱正好是他们要卖的小公牛的总数。他们用卖牛的钱以每只 10 美元的价格买了一批绵羊。剩下的钱买了一只山羊。

回家的路上，他们争吵起来，于是决定将牲畜平分了。但他们发现结果会剩下 1 只绵羊。比尔将这只绵羊留给自己，给了乔丹那只山羊。

"但是我比你少。"乔丹说，"因为山羊的价格比绵羊的少。"

"好吧。"比尔说，"我把我的柯尔特 45 型手枪给你，来补偿你的这个差额。"

柯尔特 45 型手枪的价格是多少？

3. 窃听器

如图 9-2 所示，你准备在嫌疑犯的电话上安装一个窃听器，请找出连接电话交换机和嫌疑犯电话的电线是哪一根。

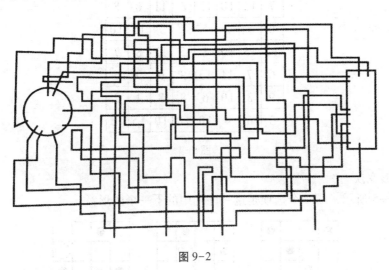

图 9-2

4. 球袋

这个有关可能性的问题可以通过逻辑思考来解决。

如图 9-3 所示，你有两个袋子，每个袋子里有 8 个球：4 个白球和 4 个黑球。请问从两个袋子里各拿出 1 个球，至少有 1 个黑球的概率是多少?

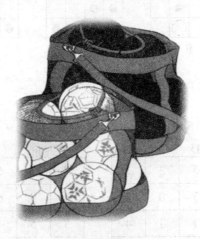

图 9-3

5. 形状变换

如图 9-4 所示，把下边的格子分成形状相同的 4 部分，每一部分所包含的数字总和必须是 134。

5	7	8	15	4	7	5	6
11	6	9	8	16	12	10	10
7	12	10	12	3	11	6	8
6	7	2	5	7	7	15	10
12	15	10	8	5	12	8	7
6	7	11	13	9	6	9	6
9	8	10	6	8	8	1	2
3	6	4	10	10	10	15	15

图9-4

6. 图形变换

如图9-5所示，哪一个选项是这一序列中的下一个图形？

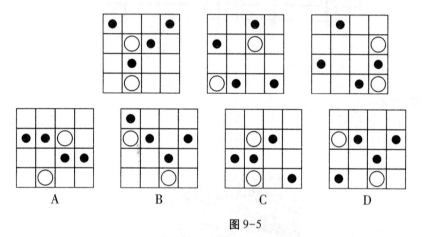

图9-5

7. 复杂的格子

如图9-6所示，请按照第一个格子的逻辑规律，把第二个格子填充完整。

	A	B	C	D	E	F
a	7	9	6	5	3	3
b	4	6	3	7	0	3
c	9	2	4	1	1	4
d	5	8	2	7	2	6

7	7	5	6	1	9
4	9	6	6	0	0
3	5	1	9	0	6
8	9	4	6	?	?

图9-6

8. 六边形金字塔

观察金字塔（如图9-7所示），从下边的选项中选择一个放置在顶端的六边形上。

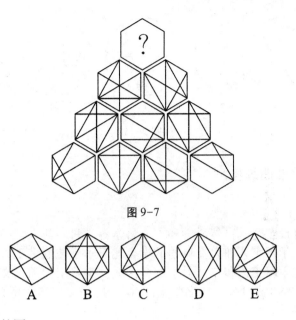

图 9-7

9. 具有逻辑性的圆

观察图 9-8 所示的这 4 个圆，A、B、C、D、E（如图 9-9 所示）中哪一个选项可以使这一排列顺序继续下去？

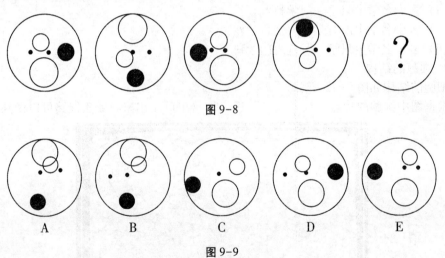

图 9-8

图 9-9

10. 寻找同一序列

观察图 9-10 所示的 4 个圆，下边哪一选项（如图 9-11 所示）可以使这一序列得以继续。

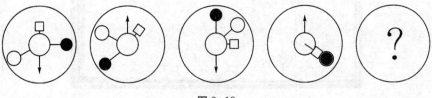

图 9-10

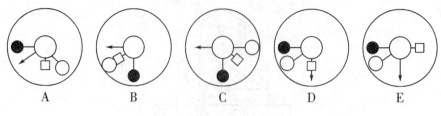

图 9-11

第二套 综合思维训练检测

1. 学生的故事

一所大学里开设工艺、自然科学和人文科学等学科。新入学的学生最多可以学习其中的两门学科。学习工艺和人文科学的学生比只学工艺的多1人。学习自然科学和人文科学的学生比学习工艺和自然科学的多两人。学习工艺和人文科学的学生是学习工艺和自然科学的学生的1/2。21名学生没有学习工艺，3名学生只学人文科学，6名学生只学习自然科学。

（1）多少名学生没有学习自然科学？

（2）多少名学生学习自然科学和人文科学两门学科？

（3）多少名学生学习两门学科？

（4）多少名学生只学一门学科？

（5）多少名学生没有学习人文科学？

（6）多少名学生只学工艺这一门学科？

2. 细胞的结构

细胞的结构如图9-12所示。

根据图中细胞的特点，从"入口"进，从"出口"出来，哪条线路可以做到？

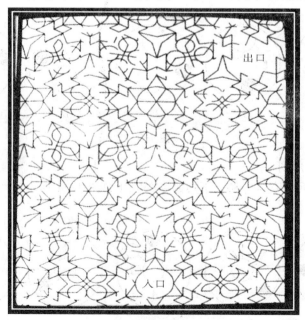

图 9-12

3. 寻找合适的图形

观察图 9-13 上方的 3 个图形，A、B、C、D、E 5 个选项中哪一个与它们是同一系列？

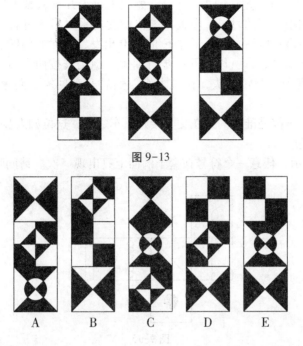

图 9-13

4. 图形的乐趣

观察图 9-14 这一系列图形，A、B、C、D、E 哪一个选项是这一系列中下一个出现的图形？

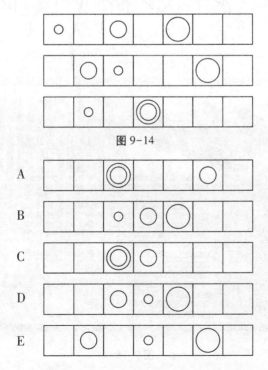

图 9-14

5. 变化的火车

一位妇女通常下午5:30下班。她先在超市打了一个电话，然后乘坐下午6:00的火车，下午6:30，火车到达她住的小镇车站。她丈夫每天开车从家里出发，6:30到车站接她，也就是她刚刚下车的时候。今天，这位妇女比平时早5分钟下班，她决定直接去车站，而不在超市打电话了，尽量在下午5:30出发，于下午6:00到达小镇车站。因为她丈夫没有在车站接她，所以她开始步行回家，她丈夫按照平时的时间离开家，在路上遇到步行的妻子，调转车头，让她上车，然后开车回家，到家时比平时早了10分钟。

假设所有的火车都是准时的，在丈夫接她上车之前，这位妇人步行了多长时间？

6. 盒子的问题

如图9-15所示，任意一个符号在盒子的面上只出现一次。请问哪一个盒子是由这个模板做成的？

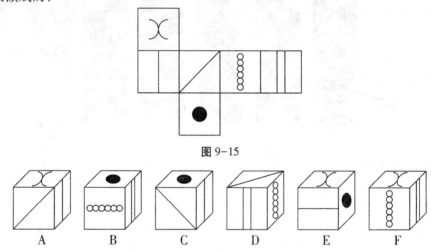

图9-15

A   B   C   D   E   F

7. 快乐的学生

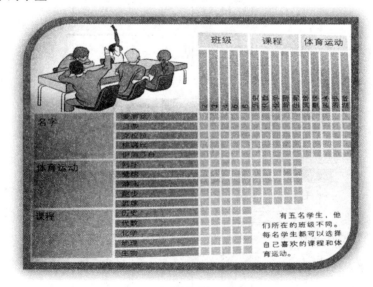

图9-16

如图 9-16 所示，具体情况如下：

（1）有个女孩喜欢打壁球，她不在 5 班；

（2）桃瑞丝在 3 班，贝蒂喜欢跑步；

（3）喜欢跑步的那个女孩在 2 班；

（4）4 班的那个女孩喜欢游泳，伊丽莎白喜欢化学；

（5）爱丽丝在 6 班，喜欢打壁球，但不喜欢地理；

（6）喜欢化学的那个女孩同样也喜欢打篮球；

（7）喜欢生物的那个女孩同样也喜欢跑步；

（8）克拉拉喜欢历史但不喜欢打网球。

请推算出每个女孩所在的班级、喜欢的课程和体育运动，填在表 9-1 中。

表 9-1

名字	班级	课程	体育运动

8. 赢得的赌局

比尔对吉姆说："我们每一局都打个赌吧。每一局的赌注是你钱包中钞票的一半，我们赌 10 局。因为你钱包里有 8 美元，所以我们第一局的赌注是 4 美元。如果你赢了，我就付给你 4 美元，如果我赢了，你就给我 4 美元。第二局开始时，你应该有 12 美元或者 4 美元。那么我们的赌注应该是 6 美元或者 2 美元。以此类推。"

图 9-17

他们赌了 10 局。比尔赢了 4 局，输了 6 局，但是吉姆发现他只剩下 5.7 美元，输掉了 2.3 美元。这可能吗？

9. 两种色调的难题

如图 9-18 所示，所给出的图形可以转换成 A、B、C 中的哪一个？

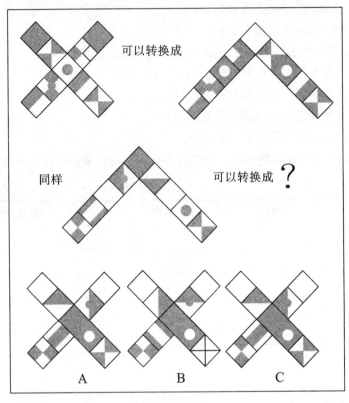

图 9-18

10. 改变图形

如图 9-19 所示，所给出的图形可转换成 A、B、C、D、E 中的哪一个？

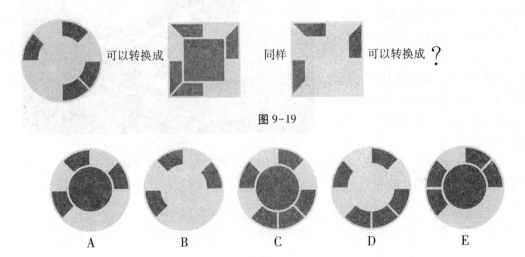

图 9-19

第三套 综合思维训练检测

1. 装饰纸牌

如图 9-20 所示，桌上有 4 张纸牌，每张纸牌都有一面是黑色或白色，另一面上有星星或三角形图案。

为了了解每张黑色纸牌的另一面是否有三角形的图案，你必须翻动几张，分别是哪几张？

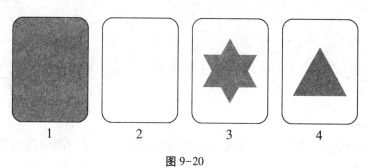

图 9-20

2. 有规律的系列

如图 9-21 所示，下列哪个圆可以代替这个图形中的问号？

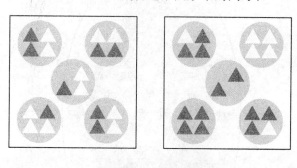

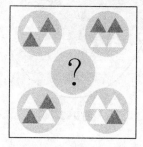

图 9-21

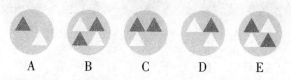

3. 圆的序列

观察图 9-22 这些圆，下列哪个选项可以使这一序列得以继续？

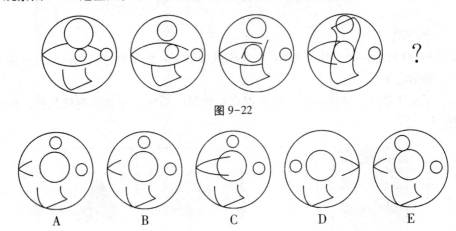

图 9-22

4. 分割钻石

如图 9-23 所示，请将钻石分成形状相同的四部分，每一部分都包括 A、B、C、D、E 五种符合。

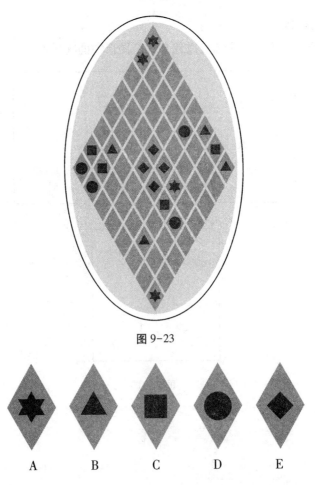

图 9-23

5. 假钞

上个月，一艘轮船在旧金山港被海关扣留。在船上发现了成捆的假钞。假钞上的号码是连续的，面值 5 美元的假钞号码从 20361 到 20584，面值 10 美元的假钞号码从 17888 到 17940。如果这些钞票是真钞的话，那它们的总额是多少？

　　A：$942　B：$1 135　C：$1 513　D：$1 650　E：$1 789　F：$1 881

6. 拆除爆炸装置

要想拆除如图 9-24 所示的这个爆炸装置，你必须按照正确的顺序按下 8 个按钮，直到到达 "PRESS" 按钮。每个按钮只能按一次，按钮上的 "U" 表示向上，"D" 表示向下，"L" 表示向左，"R" 表示向右。每个按钮上的数字表示移动的次数。

你必须最先按下的按钮是哪一个？

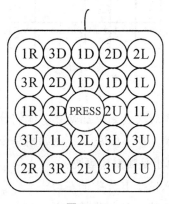

图 9-24

7. 有趣的序列

观察图 9-25 所示的这三幅图案，A、B、C、D 中哪一选项可以使这一序列继续下去？

图 9-25

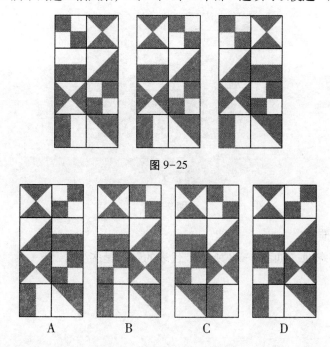

A　　　B　　　C　　　D

8. 等分土地

沿着线条把如图9-26所示的这个模块分成4部分，使每一部分包括一个三角形和一颗星。每一部分的形状和大小必须相同，但三角形和星的位置可以有所变化。你能做到吗？

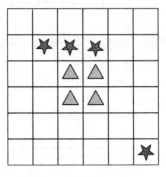

图9-26

9. 座位

A先生和A太太邀请了3对夫妻来参加晚宴。他们分别是B先生和B太太、C先生和C太太、D先生和D太太。在座位安排上（如图9-27所示），有一对夫妻被分开了，你能根据下边的提示推算出是哪对夫妻吗？

（1）坐在A太太对面的人位于B先生的左边；

（2）坐在C太太左边的人位于D先生的对面；

（3）坐在D先生右边的人是位夫人，她对面的那位夫人坐在A先生左边的第二个位子上。

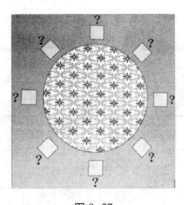

图9-27

10. 蜘蛛的推理

最后一个蜘蛛网（如图9-28所示）代表的数值是多少？

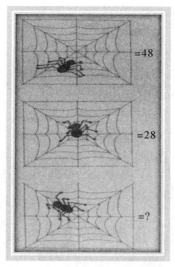

图 9-28

第四套 综合思维训练检测

1. 空白格子

如图 9-29 所示，问号应用什么数字代替？

4	2	5	3	1				7	0	1	3	6				1	9	9	0	8			
3	8	2	8	7	F	D	A	2	2	1	4	5	H	I	E	5	7	4	6	7	G	B	C
8	0	1	7	7				9	1	3	8	6				?	?	?	?	?			

图 9-29

2. 数字方格

在如图 9-30 所示的方格中，交叉点的数值等于与其相邻的四个数字之和。

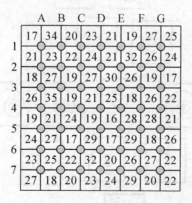

图 9-30

（1）你能从 4 个值为 100 的交叉点中找出两个来吗？

（2）哪一个交叉点的值最小？

（3）值最大的交叉点是哪一个？

（4）第7行中值为最大的交叉点是哪一个？

（5）在 B 列中值为最小的交叉点是哪一个？

（6）哪一行或那一列中值为 100 或者超过 100 的交叉点最多？

（7）哪一行或者那一列中的交叉点的总和最小。

3. 变换的三角形

如图 9-31 所示，求出问号所代表的数字？

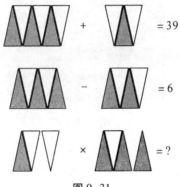

图 9-31

4. 丛林任务

你正在丛林中执行一项任务，来到一条河边，唯一的办法就是小心地踩着一块块石头，到达河对岸。如果选错了石头，你就会掉到河里，河里可是爬满了鳄鱼的！

从 A 出发（如图 9-32 所示），每行只能踩一块石头，你所选择的石头的顺序是什么？

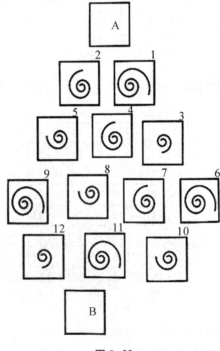

图 9-32

5. 缺失的数字

如图 9-33 所示，你能推算出问号处缺失的数字吗？

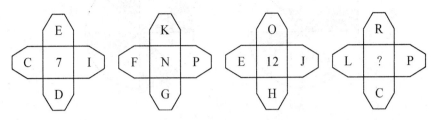

图 9-33

6. 混乱的符号

如图 9-34 所示，下边表格中的符号是按照一定的规律排列的，你能找出这种规律，并填写出空白处缺失的符号，从而使表格完整吗？

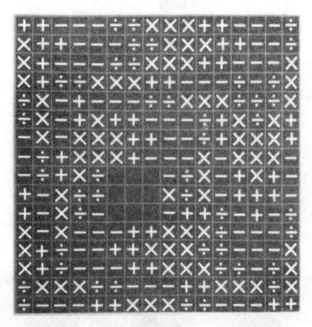

图 9-34

7. 字母的秘密

图 9-35 中问号可以用哪个字母来代替？

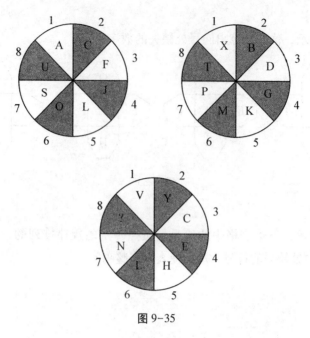

图 9-35

8. 奇怪的关系

下边哪一组数字之间的关系，与第一组数字之间的关系相同？

482：34

A：218：24

B：946：42

C：687：62

D：299：26

E：749：67

9. 类推游戏

如图 9-36 所示，参照 A 和 B 的对应关系，那么 C 应该和哪一项是对应的？

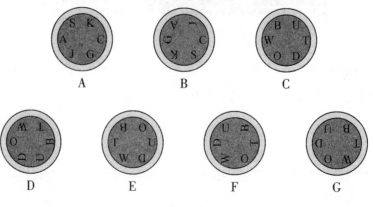

图 9-36

10. 有趣的脸谱

如图 9-37 所示，表格中的脸谱表情排列是有着某种规律的，你能从 A、B、C、D 中选出空白处缺失的表情吗？

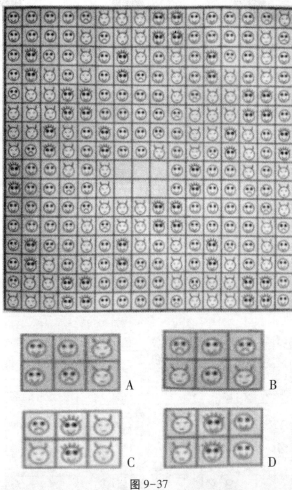

图 9-37

第五套 综合思维训练检测

1. 赛马

如图 9-38 所示，每匹马都负载一定的重量进行障碍赛跑。你能推算出最后一匹马的编号吗？

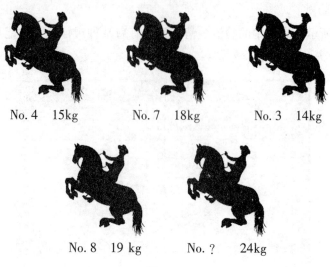

No. 4　15kg　　　No. 7　18kg　　　No. 3　14kg

No. 8　19 kg　　　No. ?　24kg

图9-38

2. 完成表格

如图9-39所示的符号排列是有着某种规律的，你能填出空白处缺失的符号吗？

图9-39

3. 与众不同

图9-40中，哪一项与众不同？

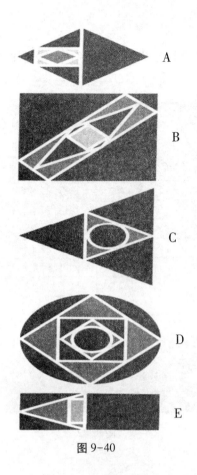

图 9-40

4. 缺失的数字

你知道应该用 A、B、C、D、E 中哪个数字代替图 9-41 中的问号吗？

A. 30　　　B. 32　　　C. 34　　　D. 36　　　E. 38

图 9-41

5. 数字噩梦

如图 9-42 所示，你能推算出表格中的数字排列规律，并在空白处填上合适的数字吗？

1	2	2	3	4	4	1	2	3	3	4	1	2	2	3	4
3	3	2	1	4	4	3	2	2	1	4	3	3	2	1	4
4	1	2	2	3	4	4	1	2	3	3	4	1	2	2	3
3	2	1	4	4	3	2	2	1	4	3	3	2	1	4	4
3	4	1	2	2	3	4	4	1	2	3	3	4	1	2	2
2	1	4	4	3	2	2	1	4	3	3	2	1	4	4	3
3	3	4	1	2	2	3	4	4	1	2	3	3	4	1	2
1	4	4	3	2	2	1	4	3	3	2	1	4	4	3	2
2	3	3	4	1	2	2	3	4	4	1	2	3	3	4	1
4	4	3	2	2	1	4				1	4	4	3	2	2
1	2	3	3	4	1	2				4	1	2	3	3	4
4	3	2	2	1	4	3				4	4	3	2	2	1
4	1	2	3	3	4	1	2	2	3	4	4	1	2	3	3
3	2	2	1	4	3	3	2	1	4	4	3	2	2	1	4
4	4	1	2	3	3	4	1	2	2	3	4	4	1	2	3
2	2	1	4	3	3	2	1	4	4	3	2	2	1	4	3

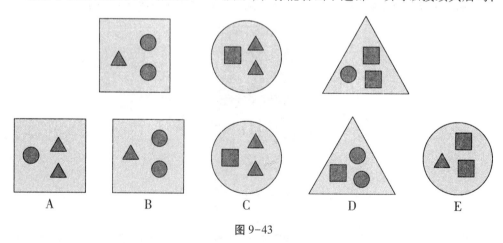

图 9-42

6. 图案序列

观察下边的图案序列（如图 9-43 所示），你能看出下边哪一项可以接续其后吗？

图 9-43

7. 图表推理

如图 9-44 所示，在图形问号处添加“+”或“-”，使周围字母加减后的得数等于图形中间的字母。

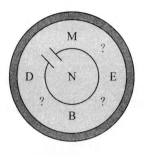

图 9-44

8. 摆渡者的难题

一个男子把自己的 5 个孩子交给摆渡者, 让他必须把孩子们全部送到河对岸, 每次到达对岸的孩子数量要尽可能最少, 以保证每个孩子单向往返的次数相同。孩子们的年龄都不相同, 摆渡者一次最多只能带两个孩子渡河。但是, 在摆渡者不在场的情况下, 任何两个年龄临近的孩子不能待在一起, 只有摆渡者才可以划船。那么摆渡者需要往返多少次才能把孩子全部送到对岸? 又是怎样的一个顺序呢?

9. 数字推理

如图 9-45 所示的哪一项数字可以代替表格中的问号?

6	2	5	7
8	3	17	7
9	2	9	9
7	4	10	?

A. 24　　　B. 30　　　C. 18　　　D. 12　　　E. 26

图 9-45

10. 符号类推

如图 9-46 所示, 参照图 1 和图 2 的对应关系, 请问图 3 应该和 A、B、C、D、E 中的哪一项是对应的?

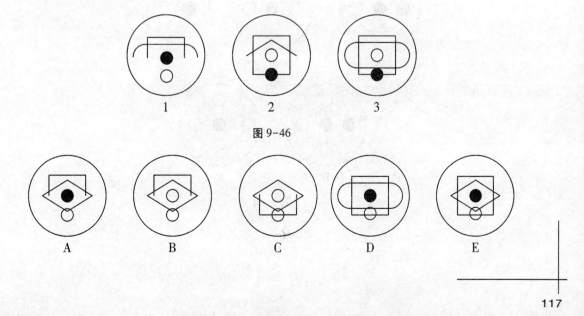

图 9-46

第六套 综合思维训练检测

1. 符号反射

在图 9-47 中的外圈的 4 个圆中，每个位置的符号按照出现的次数，决定其是否被移动到中间的圆中：

出现一次——移动

出现两次——有可能移动

出现三次——移动

出现四次——不移动

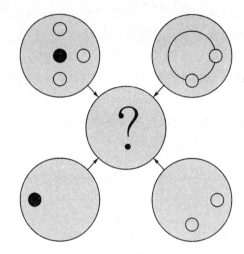

图 9-47

那么，中间圆中的符号应该是图 9-48 中的哪一项呢?

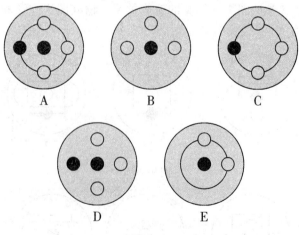

图 9-48

2. 与众不同

图 9-49 的选项中，哪一个是与众不同的？

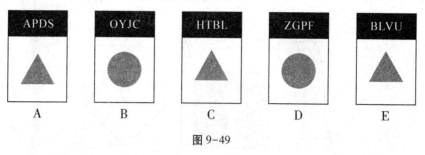

图 9-49

3. 混乱的符号

观察图 9-50 所示的一组符合序列，A~E 选项中，哪一项可以接排在上面的符号序列后？

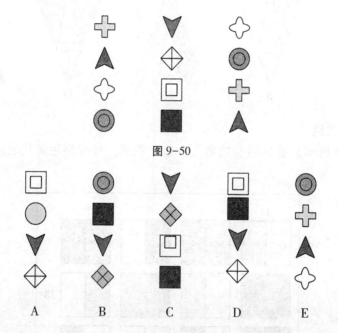

图 9-50

A　　B　　C　　D　　E

4. 水果之谜

图 9-51 所示的是几种水果，旁边的数字是各种水果的数量。各种水果的单词与水果的数量之间，有一种逻辑关系。那么，你知道桃子的数量是多少吗？

APPLES　　69

PEARS　　59

PEACHES　　?

MELONS　　78

图 9-51

5. 类推难题

如图 9-52 所示，图 1 和图 2 的关系，类同于图 3 与 A、B、C、D、E 哪一项的关系？

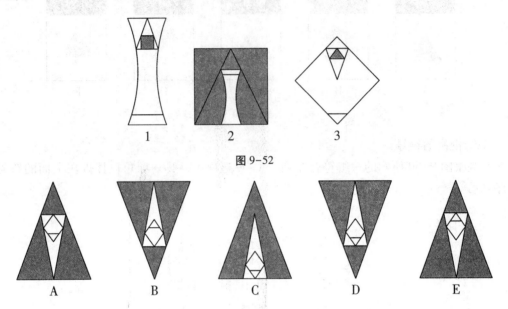

图 9-52

6. 正方形之谜

如图 9-53 所示，请在问号处填入合适的数字。每种颜色都代表一个小于 10 的数字。

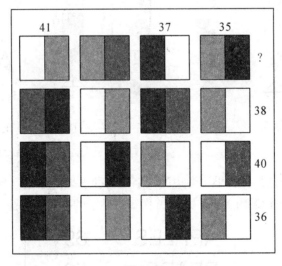

图 9-53

7. 找不同

如图 9-54 所示，下边一组图案中，哪一个是与众不同的？

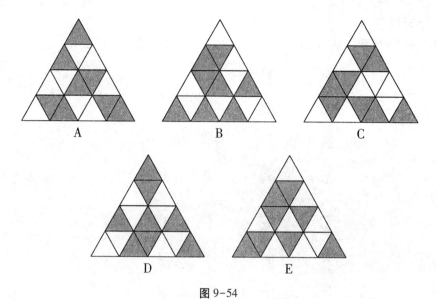

图 9-54

8. 找不同

如图 9-55 所示，这些自行车在参加一个夜间比赛，发生了一件非常怪异的事情。每辆自行车的开始时间和结束时间，有着某种算术上的联系。如果你能找出这种联系，就可以算出自行车 D 是什么时间结束的。

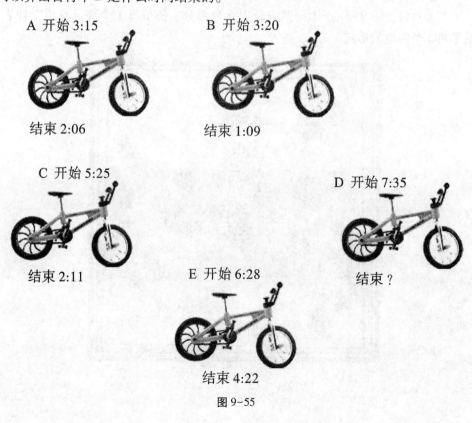

图 9-55

9. 字母推理

如图 9-56 所示，从 A 到 B 的变化，类同于从 C 到哪一项的变化?

图 9-56

10. 符号推理

用 3 条直线把图 9-57 所示的图表分成 6 个部分，使得每 1 个部分有 1 个钟表、2 只兔子和 3 个闪电的形式。

图 9-57

第七套 综合思维训练检测

1. 与众不同

图 9-58 所示的哪幅图是与众不同的？

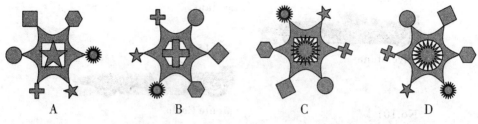

图 9-58

2. 缺失的镶板

你能从 A~F 中找出图 9-59 中一组镶板中缺失的一项吗？

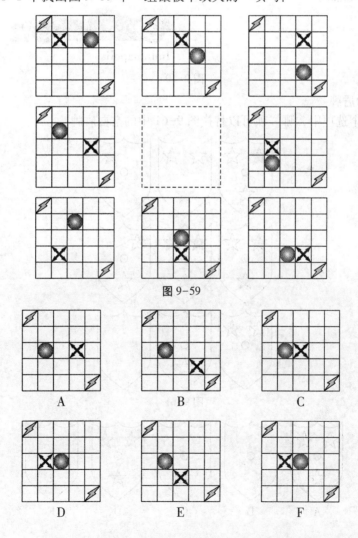

图 9-59

3. 赛车迷

如图 9-60 所示的是正在参加大赛的赛车，你能推算出 Indianapolis 赛车的编号吗？

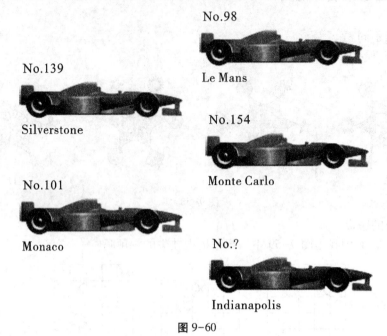

图 9-60

4. 混乱的盾牌

A 至 F 5 个选项中，哪一项可以替换图 9-61 中的空白盾牌？

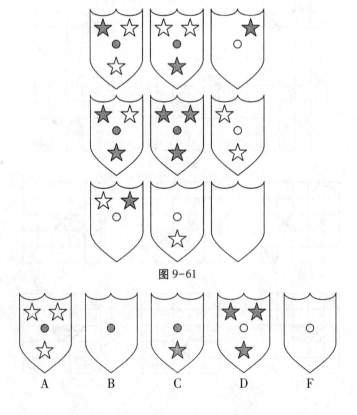

图 9-61

5. 推理难题

如图 9-62 所示，从 A 到 B 的变化，类同于从 C 得哪一项的变化？

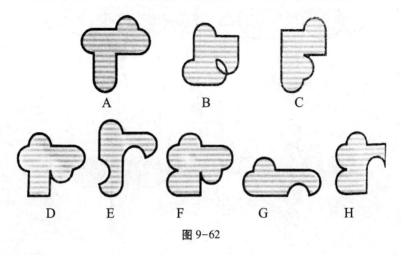

图 9-62

6. 圆盘难题

观察图 9-63 的圆盘序列，推算出其中隐藏的规律，并从 A—E 中选出可以接续序列的一项。

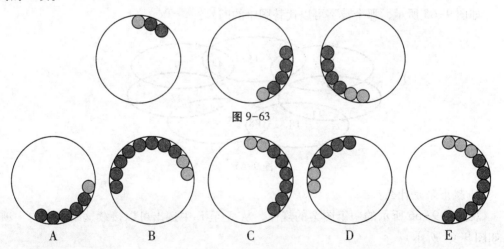

图 9-63

7. 混乱的图形

如图 9-64 所示，A 转换成 B，类同于 C 转换为哪一项？

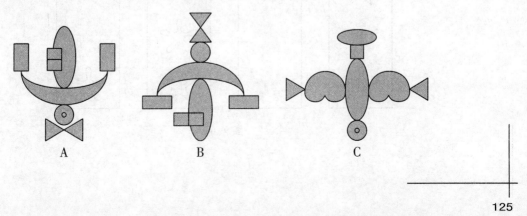

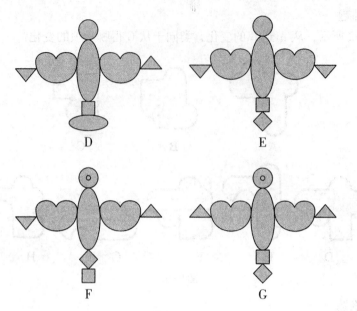

图 9-64

8. 缺失的数字

如图 9-65 所示，那个数字可以代替图中的问号？

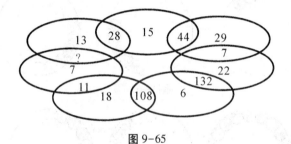

图 9-65

9. 接下来是什么？

观察图 9-66 所示的一组图案的规律，从 A 至 E 中选出可以接续这组图案的一项（如图 9-67 所示）。

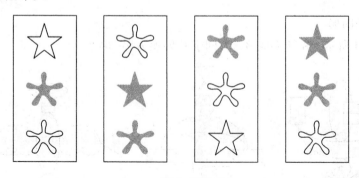

图 9-66

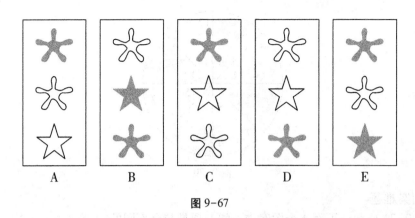

图 9-67

10. 正方形难题

观察图 9-68 所示的一组正方形，问号处应该是什么数字？

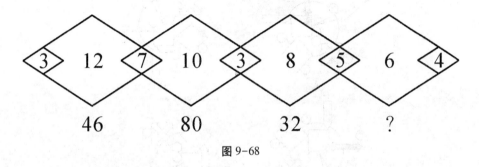

图 9-68

第八套 综合思维训练检测

1. 线条理论

图 9-69 所示的哪一个与众不同？

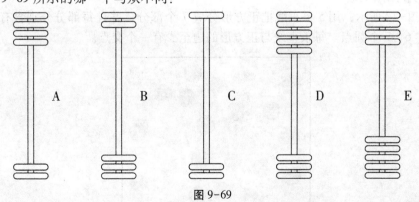

图 9-69

2. 数字大转盘

如图 9-70 所示，你能找出转盘上的数字规律，并用合适的数字替代图中的问号吗？

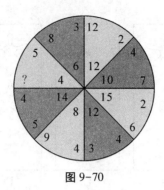

图 9-70

3. 图案难题

如图 9-71 所示，下面 4 个图案中，哪一项是与众不同的？

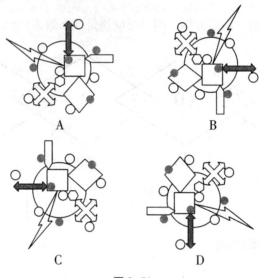

图 9-71

4. 划拨圆点土地

如图 9-72 所示，用 5 条直线把正方形分成 7 个部分，并且每部分分别含有 1、2、3、4、5、6、7 个圆点。每条直线与正方形的边至少有一个交点。

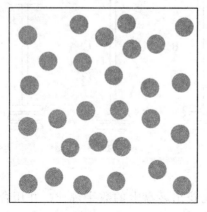

图 9-72

5. 兔子的围栏

如图 9-73 所示，直线 AA 上有 3 只兔子，直线 CC 上也有 3 只兔子，直线 BB 上有 2 只兔子。有多少条直线上有 3 只兔子？有多少条直线上有 2 只兔子？如果拿走 3 只兔子，将余下的 6 只兔子排成 3 排，且每排有 3 只兔子，该怎么排列？

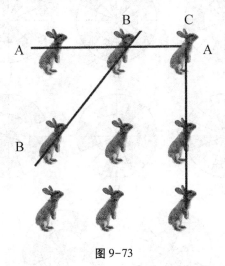

图 9-73

6. 前后一致

如图 9-74 所示，你知道最后一个三角形的问号处应该放哪种符号？

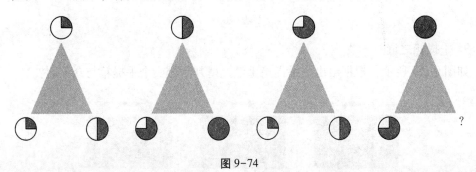

图 9-74

7. 缺失的数字

如图 9-75 所示，你知道该用什么数字替换图中的问号吗？

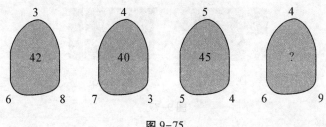

图 9-75

8. 类推难题

如图 9-76 所示，A 和 B 的对应关系，类同于 C 和哪一项的对应关系？

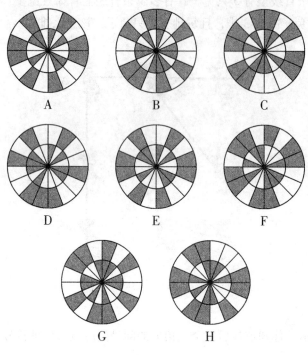

图 9-76

9. 手提箱之谜

如图 9-77 所示，根据给出的手提箱重量，请判断哪一个手提箱与众不同？

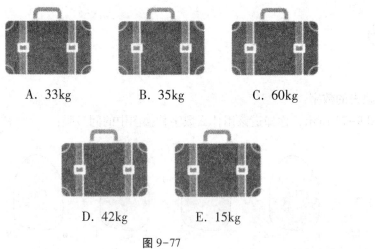

A. 33kg　　　　B. 35kg　　　　C. 60kg

D. 42kg　　　　E. 15kg

图 9-77

10. 与众不同

如图 9-78 所示，从下边各项中找出规律，请问里边哪一项是与众不同的？

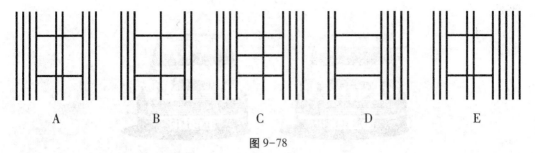

图 9-78

第九套　综合思维训练检测

1. 与众不同的模块

如图 9-79 所示，下边四组模块中，哪一组是与众不同的？

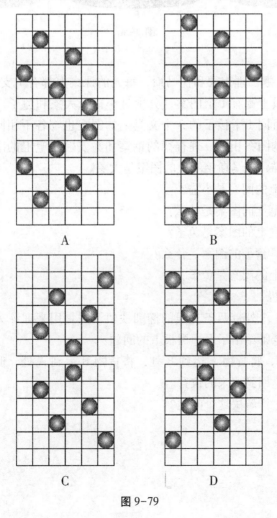

图 9-79

2. 车牌之谜

如图 9-80 所示，这些汽车的车牌号存在一定的规律，最后一辆汽车的车牌号应该是？

图 9-80

3. 文具难题

3 个孩子，乔安娜、理查德和托马斯，每人的课桌上都有 1 支钢笔、1 支蜡笔和 1 个文具盒。每个文具上都有 1 个图案，分别是小猫、大象和兔子，但相同的文具上没有相同的图案，并且同 1 个孩子的 3 个文具上的图案也都各不相同。乔安娜的文具盒和托马斯的钢笔上的图案相同。理查德的钢笔和乔安娜蜡笔上的图案相同。理查德文具盒上的图案是小猫，托马斯钢笔上的图案是大象。

（1）谁的钢笔上的图案是小猫？

（2）理查德蜡笔上的图案是什么？

（3）谁的文具盒上的图案是兔子？

（4）托马斯文具盒上的图案是什么？

（5）谁的蜡笔上的图案是兔子？

4. 训练火车司机

火车库房里有 1 个外带两条支线的椭圆铁轨，这是用来训练火车司机在特殊情况时的处置能力的。老师给出了下边黑板上的问题：

如图 9-81 所示，将货物 A 运到 B 处，将货物 B 运到 A 处，但不能让它们穿越隧道，最后将火车头返回到原来的位置。

请问火车司机怎样解决这个问题？

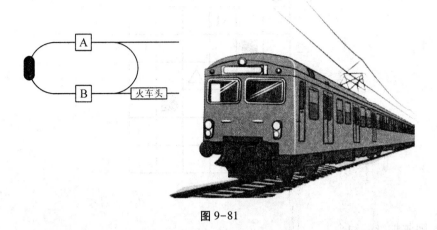

图 9-81

5. 格子的难题

如图 9-82 所示，在这个序列中，下一个出现的应该是 A~D 中的哪个选项？

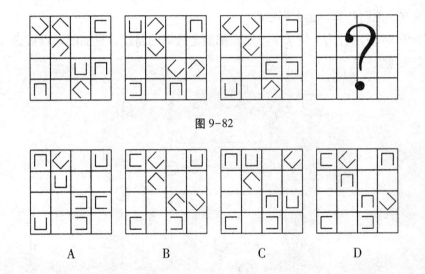

图 9-82

      A   B   C   D

6. 格子游戏

下面来尝试一下这个有些难度的格子游戏（如图 9-83 所示），你能计算出这些符号所代表的数值吗？

（1）方格 C2 的值是多少？

（2）方格 D4 的值是多少？

（3）方格 B6 的值是多少？

（4）方格的最高值是多少？

（5）行 1 和列 A 的数字相加，和是多少，方格 A1 的值只计算一次。

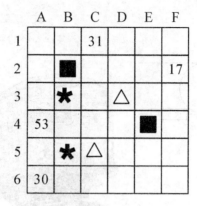

图 9-83

7. 阿尔加维的约会

在阿尔加维的最东边，靠近西班牙的边境有一个小镇，镇上的道路像曼哈顿一样呈格子状分布，这种布局最早出现在古希腊的城市建设中，7 个小朋友住在标有"○"的不同地方。他们打算一起去喝咖啡。

如图 9-84 所示，为了使 7 个小朋友都能走最短的路线，见面的地点应选在哪两条街道的交叉点？

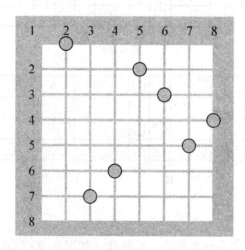

图 9-84

8. 圆点难题

如图 9-85 所示，A~D 4 种小图案中，每种图案的数值是 1、3、5 或 7 中的一个数。他们拼成的大图案总数值是 34。请问每种小图案的数值分别是多少？

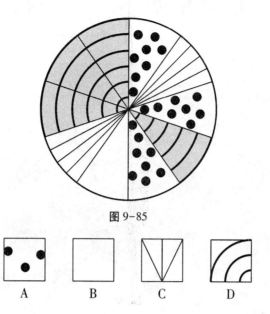

图 9-85

A   B   C   D

9. 图画之谜

如图 9-86 所示，A~D 选项中，哪一个可以接续该圆形序列？

图 9-86

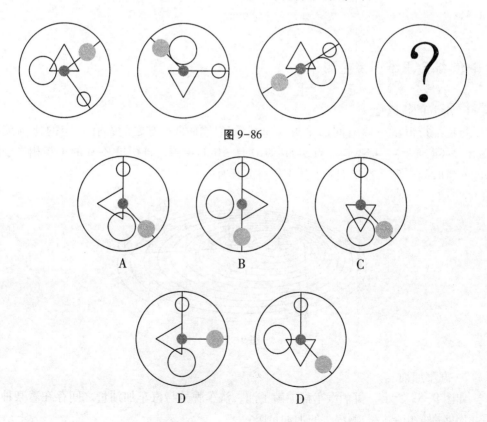

A   B   C

D   D

10. 数字的逻辑

如图 9-87 所示，从左上角的圆开始，顺时针方向移动，请算出下面问号处应该填入的各个数字？

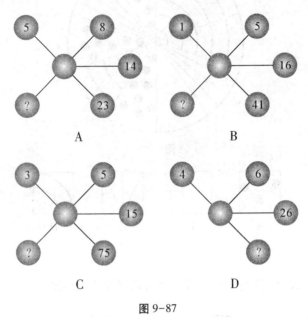

图 9-87

第十套 综合思维训练检测

1. Zero 的轨道

行星绕行恒星一周时间的平方，与其轨道主轴的立方之间存在一定的比例关系（如图 9-88 所示）。根据这一点，如果 CD 是 AB 的 4 倍，且行星 Zero 的 1 年相当于地球的 6 年时间，那么行星 Hot 上的 1 年有多长时间？

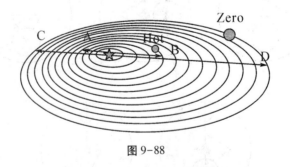

图 9-88

2. 汽车加油

如图 9-89 所示，每辆汽车都加满了油，汽车牌号与汽车加油量之间存在着某种联系，你能推算出最后一辆汽车的加油量吗？

图 9-89

3. 不稳定的和平

坎贝尔斯族和麦克菲尔逊族本是两个敌对的部落，后来因为双方部落首领的儿子和女儿结婚而合并在一起。然而，每个部落的成员仍只忠于自己的部落，而不信任敌对部落，开始几年，两个部落之间若有什么任务，包括修建房屋、打猎、捕鱼、做饭等，就各自派出相同的人数组成一个团队去完成。

有一天，乘坐着 30 名船员的捕鱼船（每个部落各 15 人，由坎贝尔斯族部落首领率领），遭遇了非常恶劣的暴风雨。渔船就要下沉了，带队的头领和船员达成一致意见，为了保住渔船和一部分人，必须有一半的人冒险跳入水中，自己游上岸，头领说，他会非常公平地选择哪些人离开。他说，大家按照他的吩咐排成一个圆圈，每次数到的第 9 个人必须离开，船员们都同意了这种做法，他们按照头领的吩咐，从 1 到 30 依次排队站好。

头领怎样安排船员的排队次序，才可以做到使离开船的都是麦克菲尔逊族的人呢？

4. 玫瑰之谜

如图 9-90 所示，空白的圆形内应填入多少个玫瑰形？

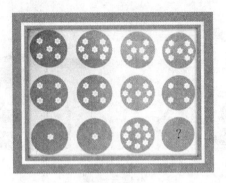

图 9-90

5. 图案规律

A~E 5 个选项中，哪一项可以填在图 9-91 的空白处？

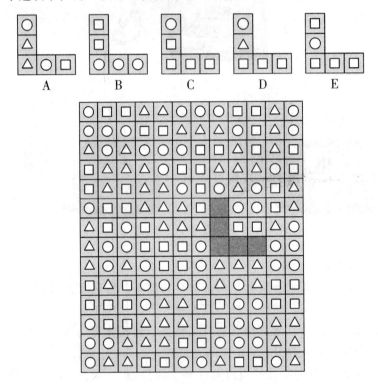

图 9-91

6. 三角形的困扰

如图 9-92 所示，请用 1 个数字代替图中的问号，使每 1 种颜色都代表 1 个小于 10 的数字。

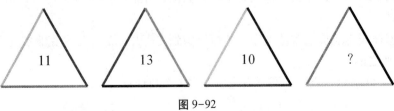

图 9-92

7. 火车的轨迹

如图 9-93 所示，每列火车的编号和目的数字存在着某种联系，你能推算出 428 号列车驶往哪里吗？

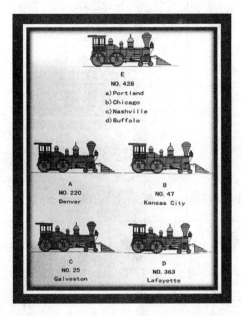

图 9-93

8. 图形转换轨迹

如图 9-94 所示，根据给出的符号数值，请用 3 条直线将表格分成 6 个部分，使得每一部分中的符号数值之和都等于 16。

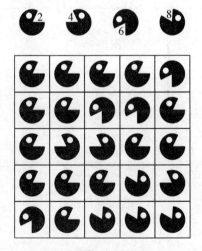

图 9-94

9. 房子问题

如图 9-95 所示，问号中应该填写什么数字？

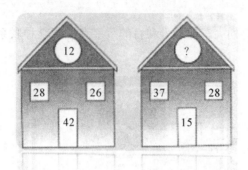

图 9-95

10. 图形变换

如图 9-96 所示，在这些图形中，哪一个与其他的不同？

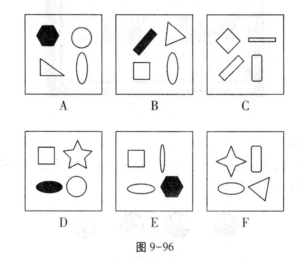

图 9-96

第十章 各章节游戏实战答案

第一章游戏实战答案

1. 视觉效应

答案：C。在其他图形中，中间的图形都是左上角与右下角图形的放大。

2. 食品规律

答案：C。5种食品按照同样的顺序出现，依次是：苹果、橘子、蒜头、鸡肉、葡萄。

3. 耀眼的钻石

答案：一共有64块，平均分成4份，每份有16块。

4. 眉目传情

答案：D。看一下前边两幅图，第一张脸上的两眼组合后即为第二张的左眼，而第二张脸的右眼则是一个新引进的图案；现在再看第二和第三张脸，第二张脸的左眼没有传递给第三张，而是把它的右眼直接替换第三张脸的左眼，但第三张的右眼同样是一个新图案。这种交替的转换模式持续下去，比如第三张脸的两眼组合构成了第四张脸的左眼。

5. 射击场竞赛

答案：普利森上校的环数为200环，艾米少校的环数为240环，法尔将军的环数为180环。三位射手各自说错的话为：普利森上校的第一句话，艾米少校的第三句话，法尔将军的第三句话。

6. 城镇大钟

答案：题目中的闹钟是电子闹钟，问题出在显示数字的7条线中，有一条无法显示，如图10-1所示：**6** ← 这条线无法显示。

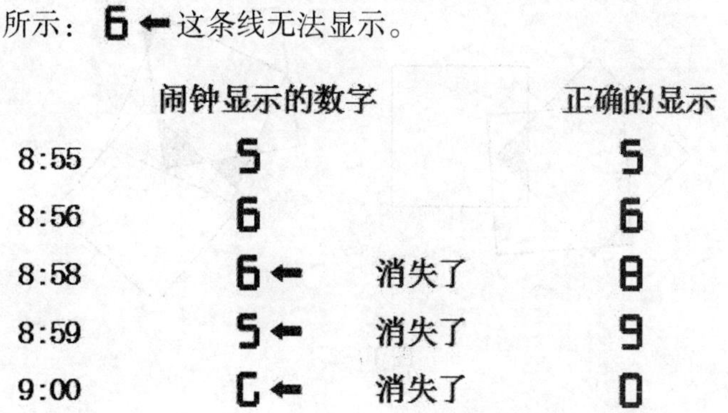

	闹钟显示的数字		正确的显示
8:55	5		5
8:56	6		6
8:58	6 ←	消失了	8
8:59	5 ←	消失了	9
9:00	6 ←	消失了	0

图 10-1

7. 寻房觅友

答案：我们所能做的就是根据 3 个问题可能的回答找出一个唯一符合各项回答的数字。如果有多种可能，就无法确定了。

问题一：你的门牌是小于 41 的吗？

回答是，则说明门牌号是 1~40，回答不是，则说明门牌号是 42~82。

回答是则为 1~40，即 1、2、3、4、5、6、7、8、9、10、11、12、13、14、15、16、17、18、19、20、21、22、23、24、25、26、27、28、29、30、31、32、33、34、35、36、37、38、39、40。回答不是则为 42~82，即 42、43、44、45、46、47、48、49、50、51、52、53、54、55、56、57、58、59、60、61、62、63、64、65、66、67、68、69、70、71、72、73、74、75、76、77、78、79、80、81、82。

问题二：能被 4 整除的见蓝色字体。

问题三：你的门牌号是完全平方数吗？满足条件的见蓝色字体下划线。

总结：

情况 1：如果 3 个条件同时回答"是"，即满足门牌是"小于 41"＆"被 4 整除"＆"门牌完全平方"＝门牌号为 4、16、36，则门牌号不唯一，这个推断错误。

情况 2：第一个回答为"否"，第二和第三个回答为"是"，即满足门牌是"大于41"＆"＆"被 4 整除"＆"门牌完全平方"＝门牌号为唯一的 64，也就是正确答案。

8. 俱乐部难题

答案：2 人。

假设所有 49 名（189-140＝49 名）女性成员都戴眼镜，则戴眼镜的男性成员就有21 名（70-49＝21 名）。再假设这 21 名戴眼镜的男性人群中有 11 人年龄小于 20，这样就只剩 10 名年龄大于 20 岁且戴眼镜的男性成员了。最后再减去 8 个人俱乐部不到 3 年的名额（18-8＝2 人），就得出了符合条件的最小人数为 2 人。

9. 有章可循

答案：D。特征是在 3 个正方形的组合图中形成了 4 个三角形，如图 10-2 所示。

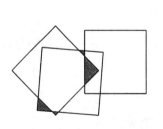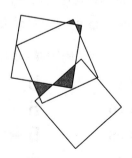

图 10-2

10. 钟面拼图

答案：如图 10-3 所示。

11+12+1+2＝26

10+3+9+4＝26

5+6+7+8＝26

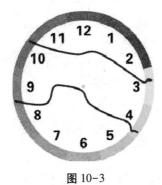

图 10-3

第二章游戏实战答案

1. 来福枪打靶

答案：B 上校射中了靶心。

根据靶纸上的点列出所有结果等于 71 环的可能组合，一共可得到 3 种排列方法：

25、20、20、3、2、1

25、20、10、10、5、1

50、10、5、3、2、1

第一组排列是上校的得分（因为其他两组不可能出现两枪得到 22 环的组合）；第三组排列是少校的（我们知道他第一枪打了 3 环，所以组合中必须出现 3 环）。因此 50 环是少校的，是少校射中了靶心。

2. 手枪交易

答案：首先两人卖牛所得的钱数一定是个平方数。另外，购买的绵羊总数一定是奇数（因为分到最后只剩 1 只）。由于绵羊是 10 美元 1 头，所以那个平方数的十位数也一定是奇数。而如果这样的话，平方数的个位就只能是 "6"。

例如 256 就是这样一个数：相当于卖了 16 头牛，每头牛 16 美分；又买了 25 头 10 美元的绵羊和 1 头 6 美元的山羊。由于平方数的末位数只能是 6，也就意味着山羊的单价只能是 6 美元，不管之前买了多少绵羊。比尔最后为了平衡双方的利益，让给丹一头山羊，再加送一把手枪来换取一头绵羊。由于送手枪的同时自己也损失了一把枪的钱，所以枪的价值应等于山羊和绵羊价钱之差的一半——2 美元。

3. 缺了什么

答案：C。3 号六边形是 1 号与 2 号六边形叠合后的产物，5 号六边形是 1 号与 4 号六边形叠合的产物。由此可见，如果将这组六边形环分成左右两条链，3 号与 5 号里的图案分别由他们各自所在链的下边两幅图自下而上融合而成。根据这条规律，最顶上的六边形作为两条链的汇集点，其里边的图案应该是左右两条链共同构成的，即3、5、6、7号六边形共同汇集的结果，如图10-4所示。

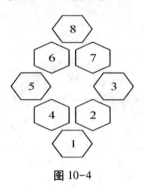

图 10-4

4. 金字塔阵

答案：E。从倒数第二层开始，每一个图案都由位于它下一层的左右两个图案来确定。特定的组合产生特定图案，图案公式如图10-5所示：

$$♠ + ⌒ = ♣$$
$$⌒ + ◇ = ♡$$
$$♣ + ♡ = ⌒$$
$$♡ + ♡ = ◇$$

图 10-5

所以 ▨ + ♠ 是一个新的组合，产生的图案也一定是全新的。在所有选项中，只有 ♣ 是新出现的，所以为正确答案。

5. 18 棵树

答案：以下2种方案都是9条直线，如图10-6所示。

方案 1   方案 2

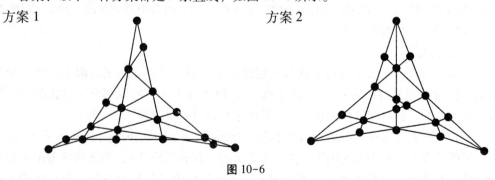

图 10-6

6. 万花筒

答案：D。按照以下指针变动规律，问号处变动趋势为D，如图10-7所示。

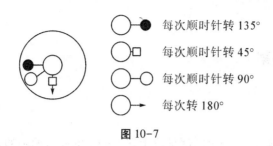

图 10-7

7. 外星人的手指

答案：17 位有着 17 个手指的外星人。

让我们先假设房间里有 240 根手指，则可能有 20 个外星人，每人 12 根手指；或者有 12 个外星人，每人 20 根手指。但这不是唯一的答案，所以应去除所有能被分解为不同的因数的数字（即除质数和完全平方数以外的所有数）。

现在考虑质数：可能会有 1 个外星人，每人有 229 个手指（但根据题干第一句话，不可能）；可能是 229 个外星人，每人有 1 个手指（但根据题干第二句话，不可能）。这样，又去除了所有质数，就只剩下平方数了。

200~300 内符合条件的只有一个平方数，就是 289，所以在房间里共有 17 位有着 17 个手指的外星人。

8. 酒桶鉴酒师

答案：40 升的桶里装着啤酒。

（1）第一个顾客买走了一桶 30 升和一桶 36 升的葡萄酒，一共是 66 升。

（2）第二个顾客就要买走 132 升葡萄酒——分别装在 32 升、38 升和 62 升的酒桶里。

（3）这样，就只剩下 40 升的那桶酒无人问津。因此，它肯定装着啤酒。

9. 三方块组

答案：B。

构成该体系组合的小方块数共有 4 种（如图 10-8 所示），分别是 A、B、C、D。因为原体系中 3 个组合的小方块类别分别是 ABC、ABD 和 BCD，所以缺少的那个组合的小方块类别应该是 ACD。

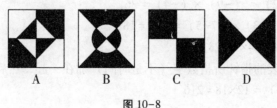

图 10-8

10. 跳舞的圆圈

答案：D。

小圆圈的舞步是先右移动两格进入下一幅图，再左移一格进入第三幅图，之后的变化以此类推；类似，中圆圈的舞步是先左移一格，再右移两格；大圆圈是先右移一格，再左移两格。

第三章游戏实战答案

1. 金字塔的线索

答案：D。

从倒数第二层开始，每一个圆都是位于它下一层的左右两圆的重合部分。

2. 长筒袜

答案：至少拿37只。因为最糟糕的可能是在拿出了所有的21双蓝色袜子与14双条纹袜子后，才拿到2双黑色的长筒袜。

3. 买吃的

答案：（1）22；（2）19；（3）16；（4）105；（5）36；（6）14。具体如图10-9所示。

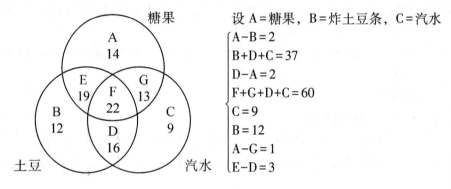

设 A=糖果，B=炸土豆条，C=汽水

$$\begin{cases} A-B=2 \\ B+D+C=37 \\ D-A=2 \\ F+G+D+C=60 \\ C=9 \\ B=12 \\ A-G=1 \\ E-D=3 \end{cases}$$

图 10-9

4. 时钟在变化

答案：（1）97。把钟表的指针所指数字（不是时间）作为一个总数表达，时针所指数字在前，分针所指数字在后。113-16=97。其他两个为：51+123=174，911+82=993。

（2）36。把钟表的指针所指数字（不是时间）表达为分针、时针，然后再计算。

（2-11）×（8-12）=（-9）×（-4）=36。

其他两个为：（12-3）×（7-5）=9×2=18；

（6-2）×（8-1）=4×7=28。

（3）216。把钟表的指针所指数字（不是时间）加在一起，然后再计算。

（3+9）×（12+6）=12×18=216。

其他两个：（12+6）+（6+3）=18+9=27；

（12+9）-（9+6）=21-15=6。

5. 圆圈串

答案：

第1组？=29　黑色=7　白色=3　灰色=9

第 2 组？＝25 黑色＝4 白色＝5 灰色＝6

第 3 组？＝25 黑色＝5 白色＝2 灰色＝8

第 4 组？＝45 黑色＝3 白色＝8 灰色＝13

设黑球＝A，白球＝B，灰球＝C，如图 10-10 所示。

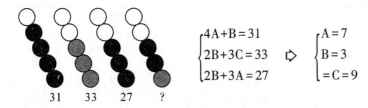

$$\begin{cases} 4A+B=31 \\ 2B+3C=33 \\ 2B+3A=27 \end{cases} \Rightarrow \begin{cases} A=7 \\ B=3 \\ =C=9 \end{cases}$$

31 33 27 ？

图 10-10

同理可得其他几个圆圈串。

6. 按键上的数字

答案：（1）328。沿着每行，把第一个数字的前两位相乘，得到第二个数字的前两位。把第一个数字的后两位相乘，得到第二个数字的后两位。因为 4×8＝32，2×4＝8，所以是 328。

（2）4 752。沿着每行，每个数字的前两位与后两位相乘，得到下一个数字。54×88＝4 752。

（3）184。在每行中，第一个数字的外围两位相乘，得到第二个数字的外围两位。第一个数字的中间两位相乘得到第二个数字的中间两位。因为 7×2＝14，4×2＝8，所以是 184。

7. 奇形怪状的图形变换

答案：（1）B。每个部分逆时针旋转 90 度。

（2）B。逆时针旋转 45 度，圆球一起往三角形方向移动。

（3）D。字母在字母表中的位置数乘以线条数。

（4）A。字母在字母表中的位置数翻转。

（5）B。每个形状顺时针旋转，1 条线 45 度，两条线 90 度。

8. 摸彩球

答案：这是一道只需要运用逻辑推理就能解决的概率问题。

概率为 1/5，将两种球按照 1、2 编号以示区别。摸出两球的所有可能组合共有 6 种，如下所示：

（1）红球 1 号，红球 2 号；

（2）红球 1 号，白球；

（3）红球 1 号，黑球；

（4）红球 2 号，白球；

（5）红球 2 号，黑球；

（6）黑球，白球。

由于那人已经说明有 1 球为红球，所以在排除第 6 种可能的情况下，两个都是红球的概率就是 1/5。

9. 船夫的问题

答案：需要摆渡 9 次。把 5 个孩子按照年龄升序排列分别标为 A、B、C、D、E，把河的两边分别标为 "此岸" 和 "彼岸"，从而创造出表 10-1：

表 10-1

旅行次数	此岸	船上的孩子	彼岸
1	A C E	B D	无人
2	A C E	B	D
3	B E	A C	D
4	B E	A D	C
5	B D	A E	C
6	B D	C E	A
7	B D	C E	A
8	B D	无人	ACE
9	无人	B D	ACE

10. 满满的一桶葡萄酒

答案：他用淡水清洗了一些小鹅卵石和沙子，把它们洗净晒干之后装入瓶子。然后他把瓶颈放进桶顶端的洞中，将鹅卵石和沙子倒进酒桶中，而相同量的葡萄酒便进入瓶子中。

第四章游戏实战答案

1. 双胞胎引起的混乱

答案：具体土地分配如图 10-11 所示。

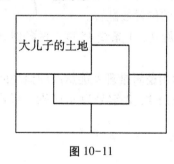

图 10-11

2. 长筒袜

答案：按 1—5—6—2 打开箱子。

字母所代表数值：A 代表 4，B 代表 2，C 代表 5，D 代表 3，E 代表 8，F 代表 1，G 代表 6，H 代表 7，I 代表 9。

3. 水的移动

答案：如图 10-12 所示，用大头钉将火柴钉到软木塞上。把火柴划着，将软木塞放在水上，使它漂浮在水上而不弄湿火柴。然后把口杯罩在软木塞和被点燃的火柴上面。火柴把口杯中的氧气消耗完后，水将会被吸入口杯中。

图 10-12

4. 火柴棍逻辑思维游戏

答案：方法一如图 10-13 所示。

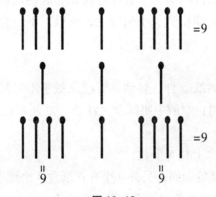

图 10-13

方法二如图 10-14 所示。

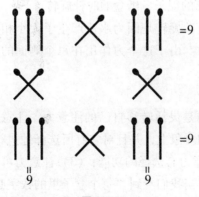

图 10-14

5. 牙签的变动

答案：牙签的变动如图 10-15 所示。

图 10-15

6. 清仓大甩卖

答案：40、100、120。

因为 40×40+100×100+120×120＝260 美分

7. 数字方块

答案：都填 4。A+B＝D，A−B＝C，D−C＝E。

8. 胡椒粉与味精

答案：小男孩找来了一块干净的毛料布，又拿来了一个塑料制的小勺子，用毛料来回摩擦这个小勺子，然后再用小勺子去接近混在一起的胡椒粉和味精。当小勺子接近的时候，就看到胡椒粉立即粘到了小勺子上，所以，不一会儿小男孩就把胡椒粉和味精分开了。

9. 自动旋转的奥秘

答案：让 1 个装满水的纸盒自己转动，听起来似乎不可思议，然而这却是可能实现的。首先准备好辅助材料：空的牛奶纸盒、钉子、60 厘米长的绳子、水槽、水盘子，然后按照这样的步骤操作：

（1）用钉子在空牛奶盒上扎 5 个孔；

（2）1 个孔在纸盒顶部的中间，另外 4 个孔在纸盒 4 个侧面的左下角；

（3）将 1 根大约 60 厘米长的绳子系在顶部的孔上；

（4）将纸盒放在盘子上，打开纸盒口，快速地将纸盒灌满水；

（5）用手提起纸盒顶部的绳子，纸盒顺时针旋转。

明白了吧，其实纸盒自动旋转是因为水流产生了大小相等而方向相反的力，纸盒的 4 个角均收到了这个推力。由于这个力作用在每个侧面的左下角，所以纸盒按顺时针方向旋转。

10. 如何分苹果

答案：这道思维训练题是灵活转移自己的注意力。注意是在认识活动中，把自己的注意力集中在一定的认知对象上，并且对它有所选择地进行记忆。注意力的特点是：（1）有强弱之分；（2）注意力有选择的功能；（3）注意力可灵活分配。

这道题的迷惑就在于，当我们看到"每个盒子里的数字必须有一个'3'的时候"，头脑中想到的就是 3、13、23。这样，我们很容易记这些数字的个位数。但是当我们在保证个位数有"3"的各种分配都不能满足要求时，就应该注意 12 个"3"相加的结果，其中个位数为"6"，而不是"0"。这时候就必须要适时地转移注意力，开始考虑十位数。既然十位数可以是"3"，个位数可以是任何数，那么就可以这样来理解：先在 11 个盒子里各放 3 个苹果，总共 33 个；然后把剩下的 67 个苹果再拿出 37 个来放在第 12 个盒子里，这样剩下的 30 个苹果就很容易分配了。

所以，这道题的答案是在第 1、2、3 个盒子中分别放 13 个苹果，第 4 至第 11 个盒子中各放 3 个苹果，在第 12 个盒子中放剩下的 37 个苹果。

第五章游戏实战答案

1. 1 元钱去哪里了

答案：文具店老板将贺卡混在一起出售时，已不知不觉地改变了售价。了解这点之后，问题就很容易解决了。

老板在卖前 60 张的时候，第一种贺卡每张卖 1/2 元，第二种贺卡每张卖 1/3 元，可是当两种贺卡混在一起卖的时候，每 5 张售价 2 元，这时每张贺卡卖 2/5 元。也就是说，第一种贺卡没有按原先的打算，每张卖 1/2 元，而是以 2/5 元的价格卖出去。

由 1/2-2/5＝1/10，我们可以清楚地看出在每张贺卡损失 1/10 元的情况下，第一种贺卡卖完 30 张后一共损失了 3 元。

第二种贺卡的情况则刚好情况相反。当它和第一种贺卡混合出售时，每卖出 1 张就多赚了 1/15 元，即 2/5-1/3＝1/15。

30 张贺卡卖出总共多赚了 2 元。

这样，第一种贺卡损失了 3 元，第二种贺卡多赚了 2 元，合起来就是亏损了 1 元。

若是做买卖，当然得衡量轻重，一切以利益为重，这就是思维方式的技巧。

2. 内川先生的存款单

答案：内川先生的最初存款，不可能等于每次取款后余额的总和。右栏的总和非常接近 1 万元，这只是一种巧合。

看看下边两个例子中不同取款额，就很容易看清这一点。

取款额	存款余额
9 900	100
100	0
＝10 000 元	＝100 元

取款额	存款余额
100	9 900
100	9 800
100	9 700
9 700	0
＝10 000 元	＝29 400 元

你可以看出，左栏的总和都是 10 000 元，而右栏的总和可以很大，也可以很小。

3. 分桃子

答案：后取的人会取胜。主要有以下 3 种情况：

（1）当先取的人第一次取 1 个桃子的时候。

后取的人可以跟着也取 1 个，然后先取的人再取 1 个，后取的人可以取 4 个，剩下 2 个，后取的人胜利；当先取的人再取 3 个的时候，剩下 4 个，后取的人胜利；当先取的人再取 4 个的时候，剩下 3 个，后取的人胜利。

后取的人也可以选择取 3 个，剩下 5 个，先取的人再取下 1 个，剩下 4 个，后取的人胜利；先取的人再取 3 个，剩下 2 个，后取的人胜利；先取的人再取 4 个，剩下 1 个，后取的人胜利。

（2）当先取的人第一次取 3 个时。

后取的人可以选择取 1 个，剩下 5 个同上，后取的人胜利；后取的人也可以选择取 4 个，剩下 2 个，后取的人胜利。

（3）当先取的人第一次取 4 个时，后取的人可以选择取 3 个，剩下 2 个，后取的人胜利。

总之，无论先取的人第一次取几个桃子，后取的人都可以取到最后一个桃子，都会多分得对方的一个桃子。

4. 上级与下级

答案：解决这道题的关键在于，调整认知思路，利用线索法寻找恰当的中心点。

如果跟着叙述者的"自我中心"走，思维线索将会很混乱。解决这样的问题，实际上是如何处理中心的问题。如将中心放在"我"身上，经勉强整理线索，可得图 10-16 中的图 a、图 b，但是这样的关系网络仍然显得很混乱。

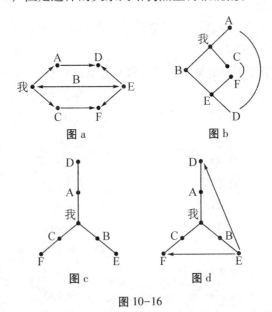

图 10-16

因此，根据问题的要求，应该及时地改变视线，按照叙述者的每句话，寻找新的、恰当的、合理的、清晰的中心点，以便重新清理问题线索。

这样，我们就可以得到图 c、图 d 的关系网络图。

经过改变中心视点的重新整理，表现在关系网络上的各种问题线索就井然有序了。其依次关系是：B 是最高领导，B 直接给"我"和 E 布置工作；"我"直接给 A、C 布置工作，E 直接给 D、F 布置工作。这样，原来的那种由于视点中心被定错而形成的混乱的描述，一旦重新确定视点中心的方向，就变得具体、清晰了。

5. 现在的时间

答案：A 报的时间是 12 点 54 分，其误差是 2 分钟、3 分钟、4 分钟或 5 分钟。

A 的误差不可能是 2 分钟，因为如果这样的话，C 的误差至少是 7 分钟；A 的误差也不可能是 3 分钟，因为如果这样的话，C 的误差就至少是 6 分钟；所以 A 的误差是 4 分钟或 5 分钟，而且这种误差只能是比标准时间慢，否则其余每个人的误差都不会少于 7 分钟。

假设 A 的误差是 4 分钟，准确时间是 12 点 58 分。由此可知，C 的误差是 5 分钟，其余两人的误差分别是 1 分钟和 4 分钟，这样没有人的误差是 2 分钟和 3 分钟，这和题目中的条件相悖。

这样，只剩下一种可能性，即 A 的误差是 5 分钟，准确时间是 12 点 59 分，B、C 和 D 的误差分别是 2 分钟、4 分钟和 3 分钟。

6. 逃狱的囚犯

答案：虽然在实际生活中，将某物用人力慢慢吊下，是十分自然的经验，但是在本题的思维训练中，首先想到这一点，从而为下一步开辟思路，需要灵活的思维。逃跑的步骤如下：

	塔楼上	塔楼下
① 先用人力把铁球慢慢放下	A、B、C	铁球
② C 下，铁球上	A、B、铁球	C
③ B 下，C 上	A、C、铁球	B
④ 铁球下	A、C	B、铁球
⑤ A 下，B 和铁球上	B、C、铁球	A
⑥ 铁球下	B、C	A、铁球
⑦ C 下，铁球上	B、铁球	A、C
⑧ B 下，C 上	C、铁球	A、B
⑨ 铁球下	C	A、B、铁球
⑩ C 下，铁球上	铁球	A、B、C
⑪ 铁球自然落下	铁球	

7. 新龟兔赛跑

答案：我们根据他们行驶的速度可首先判断他们各自所用的时间。

乌龟跑了 4.2/3×60＝84 分钟；

兔子跑了 4.2/20×60＝12.6 分钟；

兔子在跑完全程所用的时间为 1＋15＋2＋15＋3＋15＋4＋15＋2.6＝72.6 分钟；

所以兔子先到终点，并且快于乌龟 84－72.6＝11.4 分钟。

8. 环球飞行需要几架飞机

答案：需要 10 架飞机。

假设绕地球一圈，每架飞机的油只能飞 1/4 的路程。与主机（也就是要飞地球一圈的飞机，其他加油飞机称"辅机"）飞行方向相同的辅机已将自己一半的油给了主机，那辅机就只能飞 1/8 个来回。

通过推理得知，以 4 架辅机供 1 架主机飞 1/4 路程的方法进行，那么主机自己飞行 1/4 到 3/4 的那段路程，0 至 1/4 和 3/4 至 4/4 的路程由辅机加油供给，就是给 1/2 的油，主机就能飞 1/4 的路程了，所以跟随和迎接两个方面分别需要辅机在 1/4 处分给主机一半的油，辅机在 1/4 处分完油飞回需要 4 架辅机的供油，综上所述得（1+4）×2＝10 架。

9. 村里养了几条病狗

答案：有 3 条病狗。

根据题干的几个关键条件：

①村民只能检查别家的狗，不能检查自家的狗；

②发现病狗不能声张；

③只能枪毙自家狗，不能枪毙别家的狗。

这样条件限制以后，我们假设如下：

（1）假如只有 1 条病狗，那家的主人既不能检查自己家的狗，出去检查时也没有发现别的病狗，他就会知道自己家的是病狗，那么第一天就应该有枪声。

（2）假如只有 2 条狗，属于甲家和乙家。第一天，甲和乙相互发现对方家的狗是病狗（即：甲、乙各发现 1 条病狗），但由于第一天没有听到枪响。到了第二天他们就会意识到自己家的狗也是病狗。接着第二天就应该有枪响，但事实上也没有，所以 2 条病狗也不对。

（3）假设有 3 条病狗，属于甲、乙、丙家。第一天，甲、乙、丙各发现 2 条病狗，他们会觉得第二天晚上就有枪响，但是第二天晚上没有枪响，第三天晚上他们就会意识到自己家的狗也有病，所以开枪杀狗。因此通过以上假设，我们可知这个村里有 3 条病狗。

10. 糖果的数量

答案：第一步：160－120＝40，橘子的 1/3、香蕉的 1/4、奶油的 1/5 共 40 颗。160－116＝44，橘子的 1/5、香蕉的 1/4、奶油的 1/3，共 44 颗，44－40＝4。所以奶油的 1/3 和 1/5 与橘子的 1/3 和 1/5 的差是 4 颗，4/（1/3＋1/5）＝30，则奶油与橘子的差是 30 颗。

第二步：橘子的 2/3、香蕉的 3/4、奶油的 4/5，共有 120 颗。橘子的 4/5、香蕉的 3/4、奶油的 2/3，共 116 颗。橘子的 2/3＋4/5、香蕉的 3/4＋3/4、奶油的 2/3＋4/5，共 120＋116 颗。奶油与橘子的和是 120 颗。

第三步：（120＋30）/2＝75 奶油，（120－30）/2＝45 橘子，160－120＝40 香蕉。

第六章游戏实战答案

1. 海盗分赃物

答案：让我们倒过来，分别从 D、C、B、A 的角度来推测。

从 D 的角度考虑，假如 A、B 和 C 这 3 个人都喂了鲨鱼，只剩下 D、E 两人的话，E 百分之百会投反对票，把自己也喂了鲨鱼，然后独吞 100 枚金币。因此，D 必须全力支持 C 的方案才能保住自己的性命。

精明的 C 肯定清楚 D 以上的想法，则轮到 C 分配时，他一定会分给自己、D 和 E 的金币为：100 枚、0 枚、0 枚，因为 C 知道 D 若想活命，必须无条件地支持自己，哪怕一无所有。

而假若 B 清楚了 C 的阴谋，则会按 98 枚、0 枚、1 枚、1 枚来分配。给 D 和 E 各 1 枚金币是为了笼络他们给自己投赞成票，至于 C、B 根本无法拉拢，因此 1 枚金币也不给他。

而作为第一个分配金币的人，A 对 B 的打算应该也很清楚。因此，A 需要大力拉拢 C、D、E 3 个人，然后可以无视 B，他的分配方案应该是：97 枚、0 枚、1 枚、1 枚、1 枚。

2. 楼梯台阶数

答案：根据前 5 个条件可知，这条楼梯的台阶数只要再加 1，就是 2、3、4、5、6 这 5 个数的公倍数。由于这 5 个数的最小公倍数是 60，所以 60－1＝59 能满足前面 5 个条件的最小自然数。但是 59 不能被 7 整除。因此，只要在 59 上连续加上 60，直到能被 7 整除为止，这个数就是所求楼梯的阶数。

59＋60＝119，119 能被 7 整除，即这条楼梯共有 119 阶。

3. 相乘的结果

答案：（1）在第一层，将布袋 7 和 2 交换，这样就得到单个布袋数字 2 和两位数字 78，这两个数相乘的结果为 156。

（2）接着把第三行的单个布袋 5 与中间那行的布袋 9 交换，这样，中间那行数字就是 156。

（3）然后将布袋 9 与第三行两位数中的布袋 4 交换，这样，布袋 4 移到右边成为单个布袋，这时，第三行的数字为 39 和 4。相乘的结果为 156。

总共移动了 3 步就把这个题完成了，如图 10-17 所示。

图 10-17

4. 电视机的价格

答案：（1）按规定，尼克的 1 年报酬为 600 元和 1 台电视机。所以每月应得 50 美元和 1/12 台电视机。

（2）他工作了 7 个月，应得到 350 美元和 7/12 台电视机，即 7×（50+1/12）。

（3）设电视机为 X 元，7×（50+X/12）= 150+X，即 350−150＝5X/12，则 X＝480 美元。

5. 俱乐部难题

答案：2 人。

假设所有 49 名（189−140＝49 名）女性成员都戴眼镜，则戴眼镜的男性成员就有 21 人（70 人−49 人＝21 人）。再假设这 21 名戴眼镜的男性人群中有 11 人年龄小于 20，这样就只剩 10 名年龄大于 20 岁且戴眼镜的男性成员了。在最后再减去 8 个人俱乐部不到 3 年的名额（18−8＝2 人），就得出了符合条件的最小人数为 2 人。

6. 路程

答案：设 X 为路程的长，Y 为去时所花的时间，Z 为返回所花的时间，则由已知可得：X/Y＝5，X/Z＝3，而 Y+Z＝7。由这些议程可求出往返路程等于 26.25 英里。

求出 X＝13.125，注意题干中要求的是往返路程，而不是单面的路程，所以总路程应该是 13.125×2＝26.25。

7. 分工资

答案：两次弄断就应该分成 3 份，可以把金条分成 1/7、2/7 和 4/7 这 3 份。

（1）第一天给他 1/7；

（2）第二天给他 2/7，让他找回 1/7；

（3）第三天再给他 1/7，加上原先的 2/7 就是 3/7；

（4）第四天给他 4/7 那块，让他找回那两块 1/7 和 2/7 的金条；

（5）第五天再给他 1/7；

（6）第六天和第二天一样；

（7）第七天给他找回的那个 1/7。

8. 数字砖块的规律

答案：问号处的数字为 4 752。在每一行数字中，每个数的前两个数字与后两个数字之积，等于后面的数，由此可知，54×88＝4 752。

9. 倒油

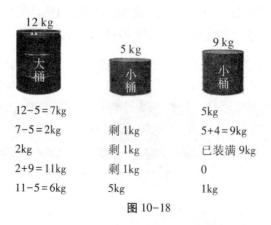

12 kg	5 kg	9 kg
12−5＝7kg		5kg
7−5＝2kg	剩 1kg	5+4＝9kg
2kg	剩 1kg	已装满 9kg
2+9＝11kg	剩 1kg	0
11−5＝6kg	5kg	1kg

图 10−18

如图 10-18 所示，步骤如下。

第 1 步：从大桶中倒出 5kg 油到 5kg 小桶中，然后再将其倒入 9kg 小桶中。

第 2 步：再从大桶中倒出 5kg 油到 5kg 小桶中，然后把 5kg 小桶中的油将 9kg 小桶灌满。

第 3 步：大桶剩 2kg 油，9kg 小桶已装满，5kg 小桶中剩余 1kg。

第 4 步：再将 9kg 小桶里的油全部倒回大桶中，大桶里有 11kg 油。

第 5 步：把 5kg 小桶中的 1kg 油倒进 9kg 小桶中，再从大桶中倒出 5kg 油，现在大桶里有 6kg，另外 6kg 油也被分别换成了 1kg 和 5kg 两份。

10. 紧急侦破任务

答案：根据条件 1，可以假设 3 种方案，逐一推算。方案 a，A 去 B 不去；方案 b，B 去 A 不去；方案 c，A、B 都去。

可以假设 6 种条件（如表 10-2 所示）：

（1）A、B 两人中至少去一人；

（2）A、D 不能一起去；

（3）A、E、F 三人中要派两人去；

（4）B、C 两人都去或都不去

（5）C、D 两人中去一人；

（6）若 D 不去，则 E 也不去。

表 10-2

方案 a	方案 b	方案 c
A 去，B 不去	B 去，A 不去	A、B 都去
D 不去	D 去	A 去
矛盾（最后判断）	E、F 都去	A 去、（F 去）
B、C 都不去	B、C 都去	B、C 去
与 2、4 矛盾	C、D 都去，2、4 矛盾	C 去
E 不去	矛盾	D、E 不去

方案 a 由条件 2、4 知，C、D 不能去，但条件 5 要求 C、D 两人中去一人，故矛盾。

根据条件 4、5、6 和 D、E 不去，这样矛盾，故不成立。

故由上述可得：ABCF 去。

第七章游戏实战答案

1. 寻找合适的部分

具体做法如图 10-19 所示。

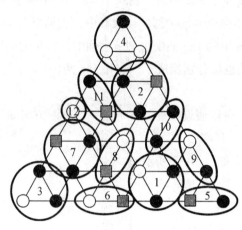

图 10-19

2. 更多的火柴游戏

（1）从任意一个角上移动任意两根火柴，并如图 10-20 所示放置。记住，4 个小正方形会组成 1 个大正方形。

（2）把刚才剩下的那根火柴移动至如图 10-21 所示的位置。

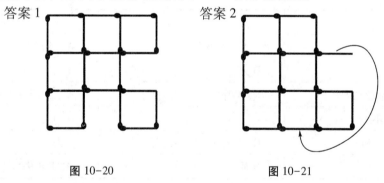

图 10-20   图 10-21

3. 独特的钟表

答案：1 560。

将时间看成数字相加，200+730＝930，245+445＝690，915+645＝1 560。

4. 有趣的木桶

答案：容量为 40 加仑的桶里装的是啤酒。第一位顾客买了 30 加仑和 36 加仑两桶，共 66 加仑葡萄酒。第二位顾客买了 132 加仑葡萄酒，分别是 32 加仑、38 加仑和 62 加仑 3 桶。容量为 40 加仑的桶没有被买走，因此它里边装的是啤酒。

5. 三个正方形

答案：D。这 3 个正方形组成了 4 个三角形，如图 10-22 所示。

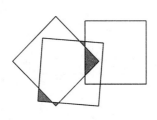
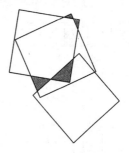

图 10-22

6. 学习安排

答案：安妮学习代数、历史、法语和日语；贝斯学习物理、英语、法语和日语；康迪思学习代数、物理、英语和历史。

7. 变速箱

答案：指针顺时针旋转 26 圈加 240 度，如图 10-23 所示。

图 10-23

8. 寻找路线

答案：

（1）35—34—34—34—35—34—10

（2）35—32—29—28—37—33—10

35—30—29—35—32—33—10

（3）219。

35—34—34—35—37—34—10

（4）202

38—30—29—28—37—33—10

（5）4 条线路：

35—32—29—35—37—33—10

35—30—34—35—32—35—10

35—33—32—34—32—35—10

35—33—32—32—35—34—10

9. 看演出

A=安德鲁斯

B=巴克

C=柯林斯

D=邓罗普

▨ =先生　　□ =夫人

10. 围着花园转圈

答案：49 米，如图 10-24 所示。A＝9 米，B＝8 米，C＝8 米，D＝6 米，E＝6 米，F＝4 米，G＝4 米，H＝2 米，I＝2 米。

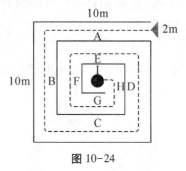

图 10-24

第八章游戏实战答案

1. 具有逻辑创新的钟表

答案：A。

在每一个阶段，大的指针按照逆时针的方向旋转，第一次是 10 分钟，第二次是 20 分钟，最后一次是 30 分钟。在每一个阶段，小的指针按照顺时针的方向旋转，第一次是 1 个小时，第二次是 2 个小时，最后一次是 3 个小时。

2. 城市网络

答案：252。

每个数字代表到达十字路口可能存在的路线总和，如图 10-25 所示。

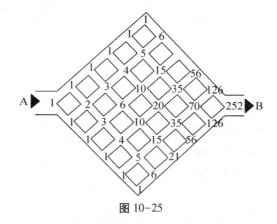

图 10-25

3. 图形变动

答案：选项 4 属于 J，选项 6 属于 N。橙色的格子按照由右到左的顺序向下移动，然后以同样的顺序向上移动。但是当前面出现过的排列顺序再次出现时，它将从这一图形序列中被排除掉。

4. 迷宫的奥秘

答案：所找出的合适路线如图 10-26 所示。

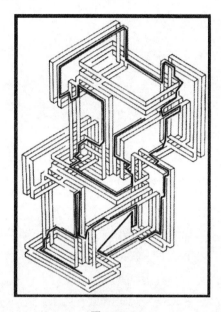

图 10-26

5. 序列的解决方案

答案：D。

根据其字母表中的位置用相应的数字表示，再乘以下边横线的数。

6. 密西西比赌徒

答案：如果对手选红色的骰子，他就是选蓝色的骰子。如果对手选蓝色的，他就选黄色的。如果对手选黄色的，他就选红色的。在每 9 轮中，他总会赢 5 次。

7. 方格游戏

答案：

（1）A6、C5、G6。

（2）D2。

（3）12。

（4）117、E5、D6、E6。

（5）91、G1。

（6）E4。

（7）没有。

（8）没有。

8. 杂乱的数字

答案：60851。

上排的数字+下排的数字+右边字母所代表的数值＝中间一排的数值

9. 数字之谜

答案：-23。

10. 方格的类型

答案：2C。

第十一章 综合思维训练实战检测答案

第一套 综合思维训练检测答案

1. 带阴影的方格

答案：C。

方格按照顺时针方向每次旋转 90 度；同样，阴影部分也按照顺时针方向每次移动 1 个格子。

2. 枪支的价钱

答案：他们卖牛得的钱一定是 1 个可以开平方的数字，而他们以每只 10 美元价格买的绵羊数也是个奇数。因此卖牛钱数的十位数也一定是个奇数。这个可以开平方的数字中的个位数是 6。256 就是一个这样的数，它等于 16 头公牛的价钱（每头 16 美元），或者 25 只绵羊的价钱（每只 10 美元），再加上 1 只山羊的价钱（6 美元）。因为这个可以开平方的数字中的个位数是 6，无论他们买了多少头绵羊（16、36、256 等），这只山羊的价钱总是 6 美元，比尔给了乔丹这只山羊和柯尔特 45 型手枪，这两样东西的价钱等于他们得到的 1 只价值 10 美元的绵羊减去 1 把柯尔特 45 型手枪的价钱。这样两人得到的东西才能够平均。因此，这把手枪的价钱是 1 只绵羊和 1 只山羊差额的一半，即 2 美元。

3. 窃听器

答：链接电话交换机和嫌疑犯电话的电线如图 11-1 所示。

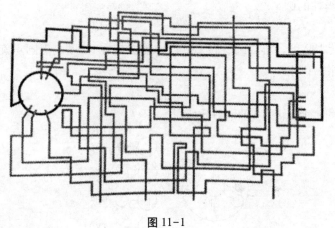

图 11-1

4. 球袋

答案：概率是 3∶4。

观察一下球的组合，分别是黑黑、黑白和白黑、白白。4 种组合中只有一种没有出现黑球，那就是第四种。因此，至少有一个是黑球的概率是 3∶4。

5. 形状变换

答案：将格子分成 4 部分，如图 11-2 所示。

5	7	8	15	4	7	5	6
11	6	9	8	16	12	10	10
7	12	10	12	3	11	6	8
6	7	2	5	7	7	15	10
12	15	10	8	5	12	8	7
6	7	11	13	9	6	9	6
9	8	10	6	8	8	1	2
3	6	4	10	10	10	15	15

图 11-2

6. 图形变换

答案：D。

7. 复杂的格子

答案：48。

A×B−C×D＝EF

8. 六边形金字塔

答案：E。

每个六边形中包含的内容是由下面两个相邻的六边形决定的，如果两根线条重合，就将其去掉。

9. 具有逻辑性的圆

答案：D。

大白圆旋转 180 度，小白圆旋转 180 度，黑圆旋转 90 度，黑圆点旋转 180 度。

10. 寻找同一序列

答案：D。

每个指针顺时针旋转，如图 11-3 所示。

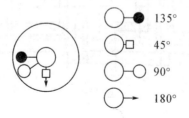

图 11-3

第二套 综合思维训练检测答案

1. 学生的故事

答案：A＝工艺，B＝自然科学，C＝人文科学，具体如图 11-4 所示。

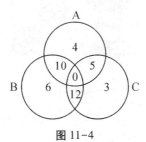

图 11-4

（1）12。

（2）12。

（3）27。

（4）13。

（5）20。

（6）4。

2. 细胞的结构

答案：路线如图 11-5 所示。

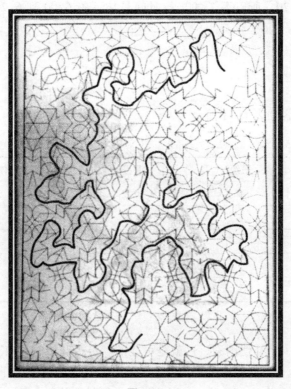

图 11-5

3. 寻找合适的图形

答案：B。

4 种不同的图案，分别有 ABC、ABD、BCD 和 ACD（选项 B）4 种组合。图 11-6 中的序列分别由这 4 种不同的图案按照一定的顺序组成的，单单缺少了 ACD 这种组合。

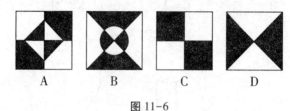

图 11-6

4. 图形的乐趣

答案：D。

小圆向前移动两格，然后向后退一格。中圆向后退一格，然后前进两格。大圆前进一格，然后后退两格。

5. 变化的火车

答案：25 分钟。

当丈夫去接妻子时，是按照正常的时间离开家，那肯定是早于下午 6:30。由于所有的路程节省了 10 分钟，所以从丈夫接到妻子的地方到火车站和再回到原地所花费的时间是相等的。假设单程花费了 5 分钟，他接到妻子的时间要比正常情况下早 5 分钟，也就是说在下午 6:20。所以妻子的步行时间是从下午 6:00 到 6:25，总共步行了 25 分钟。

6. 盒子的问题

答案：F。

7. 快乐的学生

答案：具体内容如表 11-1 所示。

表 11-1

名字	班级	课程	体育运动
爱丽丝	6	代数	壁球
贝蒂	2	生物	跑步
克拉拉	4	历史	游泳
桃瑞丝	3	地理	网球
伊丽莎白	5	化学	篮球

8. 赢得的赌局

答案：只要有一个补偿因素，这就是可能的。吉姆开始时只有 8 美元，因此如果比尔 10 局全赢，他也只能赢 8 美元，不过如果吉姆 10 局全赢的话，那数目就大多了，8 美元、12 美元、18 美元、27 美元，以此类推。但是即使比尔比吉姆多赢了两局，他赢的钱数也不多。在 10 局中，吉姆哪局赢，哪局输，对最后的钱数没有影响，具体如表 11-2 所示。

表 11-2

局	吉姆	吉姆的钱数
1	赢	12 美元
2	输	6 美元
3	输	3 美元
4	赢	4.50 美元
5	赢	6.75 美元
6	输	3.38 美元
7	赢	5.07 美元
8	赢	7.60 美元
9	赢	11.40 美元
10	输	5.70 美元＝从 8 美元中输掉了 2.3 美元

9. 两种色调的难题

答案：A。

两根长条在中间处连接，而不是在顶部连接。另外，颜色深的变成颜色浅的，反之亦然。

10. 改变图形

答案：C。

正方形变成圆形，所有的组成部分保持原地不动，只是深颜色变成浅颜色，反之亦然。

第三套 综合思维训练检测答案

1. 装饰纸牌

答案：第 1 张和第 3 张。

绝大多数人都翻第 1 张和第 4 张，但这是错误的。第 1 张肯定是要翻的，如果这张牌上有三角形，那就对了。如果没有，那就不对。第 2 张牌不需要翻。如果第 4 张翻过来是黑色的，那就对了；如果是白色的，那就不对。但这样做，对了解第 3 张牌的情况没有任何帮助。需要翻动第 3 张牌，看一下它的另一面是否是黑色的。如果是黑色的，那就不对，如果是白色的，那就对了。因此，第 1 张和第 3 张是必须翻动的。

2. 有规律的系列

答案：D。

只有当周围 4 个圆中橘红色或白色的三角形在同一位置出现 3 次时，它就会以同样的位置出现在中间的圆中。

3. 圆的序列

答案：B。

顶部的圆越来越小，底部弯曲的长方形越来越大，然后重新开始。中间的圆越来越大。鱼雷图案越来越小，右边的两种圆交替出现。

4. 分割钻石

答案：钻石所分成的相同 4 部分如图 11-7 所示。

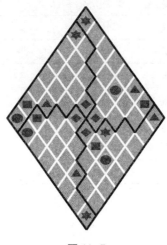

图 11-7

5. 假钞

答案：D。

224× $ 5+53× $ 10 = $ 1 650

6. 拆除爆炸装置

答案：第三行和第一列交叉处的"1R"按钮。

7. 有趣的序列

答案：B。

1	2
3	4
5	6
7	8

图 11-8

如图 11-8 所示，长方形中共有 8 种不同的图案。在第一个长方形和第二个长方形中，图案 1 和图案 2 相互交换位置，然后在随后每个长方形中继续交换位置。在第三个长方形中，图案 3 和图案 4 开始交换位置。因此，在第四个长方形中，图案 5 和图案 6 同样开始交换位置。一组图案一旦开始交换位置，那它在随后每一个长方形中就要持续下去。

8. 等分土地

答案：具体分法如图 11-9 所示。

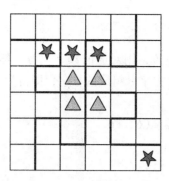

图 11-9

9. 座位

答案：C 夫妇。所推算的图如图 11-10 所示。

图 11-10

10. 蜘蛛的推理

答案：36。蜘蛛的脚在网上的位置如图 11-11 所示。

图 11-11

第四套 综合思维训练检测答案

1. 空白格子

答案: 76652。

根据字母在字母表中的位置, 用对应的数字代替, 然后将其前面方格中的第一行数字与第二行数字相加, 再减去字母组成的数字, 即得第三行数字。

2. 数字方格

(1) 4个分别是: B3、F4、C6、F6。

(2) D4 和 D5, 值都是81。

(3) E2, 109。

(4) F, 102。

(5) 7, 85。

(6) F列和第6行。

(7) C列和第5行总和都为636。

3. 变换的三角形

答案: 252。

红色三角形 = 6

白色三角形 = 3

12 × 21 = 252

4. 丛林任务

答案: 1—4—8—12。

从 B 到 A, 这些螺旋形依次增大, 并且每次逆时针旋转90度。

5. 缺失的数字

答案: S。

根据26个英文字母的位次数, 用上边的字母值与右边的字母值之和, 减去左边的字母值与下边的字母值之和, 得数即为中间的数字或中间字母的数值, 如图11-12所示。

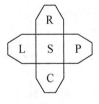

图 11-12

6. 混乱的符号

答案: 从图11-13的左上角开始, 按照顺时针方向, 向内做螺旋型排列; 符号的排列规律是2个"+"、3个"-"、2个"÷"、3个"×"。

图 11-13

7. 字母的秘密

答案：Q。

根据 26 个英文字母的顺序，图中字母的顺时针排列有着这样的规律：遗漏 1 个字母，遗漏 2 个字母，遗漏 3 个字母，遗漏 1 个字母……

8. 奇怪的关系

答案：B（946：42）。

分解左边的数字：（百位数×十位数）+个位数=右边的数字，即（9×4）+6=42。例题也可以这样分解：（4×8）+2=34。

9. 类推游戏

答案：D。

仅有曲线的字母不变，既有曲线又有直线的字母旋转 90 度，仅有直线的字母旋转 180 度。

10. 有趣的脸谱

答案：B。

从左上角开始，按照 4 张笑着的脸、1 张沮丧的脸、3 张严肃的脸、2 张有头发的脸的序列，垂直方向按左右交互循环排列。

第五套 综合思维训练检测答案

1. 赛马

答案：No.2。每匹马负重的个位数减去十位数，即得出该马的编号。

2. 完成表格

答案：如图 11-14 所示，从左上角开始，垂直方向交互循环排列，符号的排列顺序为：2 个 ♥、1 个 √、2 个 ∅、1 个 ∓、1 个 ♥、2 个 √、1 个 ∅、2 个 ∓……

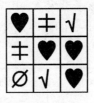

图 11-14

3. 与众不同

答案：C。

在其他各项图案组合中，最大的图形和最小的图形是相同形状的。

4. 缺失的数字

答案：C（34）。

每个正方形有着相同的规律，即：（左上角的数字×右下角的数字）-（左下角的数字-右上角的数字)= 中间的数字。如此可得：(9×4)-(5-3)= 34；(5×6)-(7-4)= 27；(6×7)-(9-7)= 40；(8×9)-(5-4)= 71。

5. 数字恶梦

答案：数字排列规律为：从表 11-2 左上角开始，按照 1、2、2、3、4、4、1、2、3、3、4 数字序列，水平方向按左右交互循环排列。

表 11-2

3	3	2
2	3	4
3	2	1

6. 图案序列

答案：B。

变化规律为：正方形变成圆形，三角形变成正方形，圆形变成三角形。

7. 图表推理

答案：如图 11-15 所示，M-E+B+D=N。

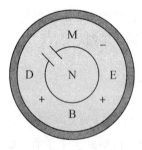

图 11-15

8. 摆渡者的难题

答案：需要往返 9 次。

按照年龄大小的顺序，把 5 个孩子设为 A、B、C、D、E，河的两岸分别设为"近岸"和"远岸"，从而可以按照表 11-3 的顺序来渡河。

表 11-3

往返顺序	在近岸的孩子	在船上的孩子	在远岸的孩子
1	ACE	BD	没有
2	ACE	B	D
3	BE	AC	D
4	BE	AD	C

表11-3(续)

往返顺序	在近岸的孩子	在船上的孩子	在远岸的孩子
5	BD	AE	C
6	BD	CE	A
7	BD	CE	A
8	BD	没有	ACE
9	没有	BD	ACE

9. 数字推理

答案：C（18）。

每行数字由左至右的规律为：（第一个数×第二个数）-第三个数＝第四个数。如此可得：7×4-10＝18；6×2-5＝7；8×3-17＝7；9×2-9＝9。

10. 符号类推

答案：A。

黑点和白点的位置互换，完整的正方形变成半个正方形，反之亦然；椭圆形变成菱形（或者是半个椭圆、菱形），反之亦然。

第六套 综合思维训练检测答案

1. 符号反射

答案：A。

上图中在外圈的四个圆中，每个位置的符号按照出现的次数，决定其是否被移动到中间的圆中：

出现一次——移动

出现两次——有可能移动

出现三次——移动

出现四次——不移动

那么，中间圆中的符号应该是图11-16中的哪一项呢？

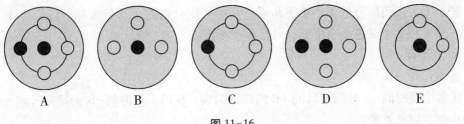

图 11-16

2. 与众不同

答案：E。

根据 26 个字母的位次数，将每项中字母的位次数相加，得数为偶数的，配三角形，得数为奇数的，配圆形。

3. 混乱的符号

答案：D。

如图 11-17 所示，每列符号都与相间隔的一列有联系，且向上移动两个位置（第一列与第三列联系，第二列与第四列联系）。

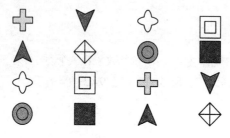

图 11-17

4. 水果之谜

答案：57。

参照各个字母在 26 个字母表中的位次数，每种水果的数量就是其单词中字母的位次数之和。

5. 类推难题

答案：E。

先把大图沿着水平线翻转，然后将各个图的大小比例反过来。

6. 正方形之谜

答案：34。

各种颜色代表的数值为：绿色 3、红色 4、黄色 5、紫色 7。将每行或每列正方形中的颜色数值相加，即可分别得出上边和右边的数值。

7. 找不同

答案：E。

把每个大三角形分成 4 个小三角形，其他各项分成的小三角形都可以包含 2 个蓝色小三角形和 2 个黄色小三角形，只有 E 项不可以。

8. 找不同

答案：3：13。

A 的出发时间-A 的结束时间＝B 的结束时间，B 的出发时间-B 的结束时间＝C 的结束时间，以此类推。

9. 字母推理

答案：E。

根据 26 个英文字母的位次，从 A 到 B 的变化规律为：第一行字母向前移动 2 个字母位置，第二行字母向前移动 3 个字母位置，第三行字母向前移动 4 个字母位置。

10. 符号推理

答案：所填表情如图 11-18 所示。

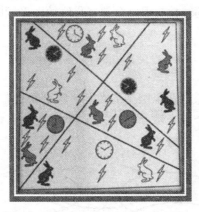

图 11-18

第七套 综合思维训练检测答案

1. 与众不同

答案：C。

其他各图中，图形中间都有左上侧和右下侧符号的放大图。

2. 缺失的镶板

答案：C。

在横向的每一组 3 个图案中，十字架总处于同一水平线的中间 3 个格子中；而蓝色的圆点，总处于纵向同一条线的中间 3 个格子中。

3. 赛车迷

答案：No. 201。根据 26 个英文字母的逆向位次数（A＝26，Z＝1），将每个赛车的英文单词中的字母次数相加，即得到他们各自的编号。

4. 混乱的盾牌

答案：B。

每组横向或纵向盾牌都是遵循着同样的规律：前两个图形中，相同位置有相同底纹的符号，转移到第三个图形中，且底纹明暗关系发生转换，前两个图形中，不相同的符号则不出现在第三个图形中。

5. 推理难题

答案：F。

曲线变成直线，直线变形曲线。

6. 圆盘难题

答案：B。

1 个红色圆点变成 4 个蓝色圆点；2 个蓝色圆点变成 1 个红色圆点了；整串圆点顺

时针旋转 72 度。

7. 混乱的图形

答案：D。

整体形状沿着水平线翻转，其中每个带有直线的图形顺时针旋转 90 度，圆形形状中的圆点消失。

8. 缺失的数字

答案：20。

如图 11-19 所示，取邻近两个圆中的数字，若两个数都是奇数，就相加；若两个数是偶数，就相乘；若一个是奇数、一个是偶数，则相减。按上述规则运算，得数等于两个圆重叠部分的数字。

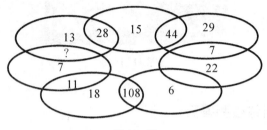

图 11-19

9. 接下来是什么？

答案：D。

长方形中的图案依次向下移动一个位置，且五角星由黑色变成白色，反过来也成立。

10. 正方形难题

答案：39。

每个菱形中有三个数字，左边数字与中间数字之积，再加上左面数字和右边数字之和，得数即为菱形下方的数字（5×6+5+4＝39）。

第八套 综合思维训练检测答案

1. 线条理论

答案：D。

在其他各项中，垂线上方的横梁数与下方的横梁之积，都是偶数。只有 D 选项是奇数。

2. 数字大转盘

答案：9。

在每个扇形中，外圈的两个数字之积交替除以 2 和 3，得数等于对面扇形内圈的数字。

3. 图案难题

答案：B。

菱形上面的小球变换了位置。

4. 划拨圆点土地

答案：所分成的 7 部分如图 11-20 所示。

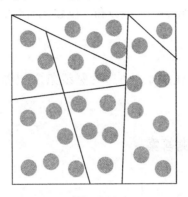

图 11-20

5. 兔子的围栏

答案：A. 有 8 条直线上有 3 只兔子；

B. 有 28 条直线上有 2 只兔子；

C. 6 只兔子排成 3 排且每排 3 只，可以排列如图 11-21。

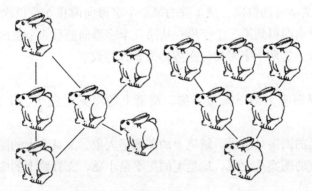

图 11-21

6. 前后一致

答案：1 个完整的圆。

先沿着 4 个三角形的顶角，再顺着 4 个三角形的底角，每个圆逐次被填满四分之一，填满整个圆后，再返回来，从填满四分之一处重新开始。

7. 缺失的数字

答案：60。

数字规律为（上×左）＋（上×右）＝中间，如此可得：（4×6)+(4×9）＝60；（3×6)+(3×8）＝42；（4×7)+(4×3）＝40；（5×5)+(5×4）＝45。

8. 类推难题

答案：D。

蓝色变成绿色，绿色变成蓝色，图形是水平对称关系。

9. 手提箱之谜

答案：B。

其他各个手提箱重量的数字，个位数和十位数相加都得 6。

10. 与众不同

答案：E。

竖线条代表 1，横线条代表 5，两边的竖线条之积等于中间的横线条和竖线条之和。

第九套 综合思维训练检测答案

1. 与众不同的模块

答案：D。

其他各组图案中，上图是彼此的旋转图形，下图是彼此的镜像图形。但是，D 项的镜像图形却是在上图。

2. 车牌之谜

答案：JOL1747。

根据 26 个英文字母的位次，从车牌的第一个字母向前移 5 个位次即得到第二个字母，再后退 3 个位次即得到第三个字母；从第三个字母向前移 5 个位次，再后退 3 个位次，可得两个字母。这两个字母的位次数即为车牌的数字。

3. 文具难题

答案：乔安娜钢笔上的图案是小猫，蜡笔上的图案是兔子，文具盒上的图案是大象。

理查德钢笔上的图案是兔子，蜡笔上的图案是大象，文具盒上的图案是小猫。

托马斯钢笔上的图案是大象，蜡笔上的图案是小猫，文具盒上的图案是兔子。

（1）乔安娜。

（2）大象。

（3）托马斯。

（4）兔子。

（5）乔安娜。

4. 训练火车司机

答案：

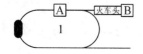

第一步

火车头搭载上货物 B 行驶到 A 处，倒车，然后运到如图所示的位置，卸车。

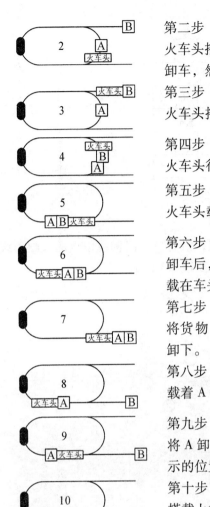

第二步

火车头搭载上货物 A，行驶到如图所示位置，卸车，然后火车头穿过隧道，到达货物 B 处。

第三步

火车头搭载上货物 B，倒车。

第四步

火车头行驶到货物 A 处，将 A 一起搭载上。

第五步

火车头载着货物 A 和 B 到达如图所示的位置。

第六步

卸车后，火车头环绕铁轨一周，将货物 A 搭载在车头上。

第七步

将货物 A 和 B 运送到如图所示位置，将 B 卸下。

第八步

载着 A 倒车到如图所示的位置。

第九步

将 A 卸下后，火车头环绕铁轨行驶到如图所示的位置。

第十步

搭载上货物 B 向货物 A 处倒车。

第十一步

将货物 B 运到如图所示的位置，然后火车头返回到原先位置。

5. 格子的难题

答案：B。

每个图形都是按顺时针方向旋转，相同位置的图形每次旋转的度数相同，有的旋转 45 度，有的旋转 90 度。

6. 格子游戏

答案：符号所代表的数值如图 11-22 所示。

正方形 = 10

星号 = 18

三角形 = 24

	A	B	C	D	E	F
1	19	31	31	26	12	12
2	28	■	57	43	29	17
3	37	✱	78	△	46	22
4	53	77	94	81	■	22
5	39	✱	△	64	34	22
6	30	42	47	38	17	5

图 11-22

7. 阿尔加维的约会

答案：选在第五条路和第四条街的交叉点，沿着位于路轴线中点的人画条线，然后画一条线穿过位于街轴线中点的那个人，如图 11-23 所示。

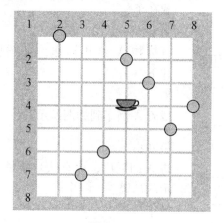

图 11-23

8. 圆点难题

答案：圆点组成的图案=1，曲线组成的图案=3，空白=5，直线组成的图案=7。

9. 图画之谜

答案：C。

圆中的图形逐次做如下变化，三角形旋转 180 度，大圆顺时针旋转 90 度，无色的小圆逆时针旋转 45 度，橙色的小圆逆时针旋转 90 度。

10. 数字的逻辑

答案：设 N 为前面的一个数字。

A. 35。（N+3），（N+6），（N+9），依次类推。

B. 1125。将前面的两个数字相乘即得。

C. 94。（2N+3），（2N+6），（2N+9），依次类推。

D. 666。（N^2-10）

第十套 综合思维训练检测答案

1. Zero 的轨道

答案：相当于地球 9 个月的时间。行星 Zero 绕绕行恒星一周的时间是行星 Hot 的 8 倍（根号下 4 的立方＝8）。

2. 汽车加油

答案：30。

根据 26 个英文字母的逆向位次数（Z＝1，A＝26），将车牌的字母值相加，再减去车牌中的三个数字之和，得数即为其加油量。

3. 不稳定的和平

答案：麦克菲尔逊族的人被安排在 5、6、7、8、9、12、16、18、19、22、23、24、26、27、30 的位次，在从 1 开始数，那么所有的麦克菲尔逊族的人就会全部跳入水中。

4. 玫瑰之谜

答案：3。

把每个圆中的玫瑰形个数转化成数字，每一行 4 个圆中的玫瑰形数组成一个 4 位数，用上边的 4 位数减去中间的 4 位数，等于下面的 4 位数。

5. 图案规律

答案：C。

这是一个从表格右上角出发、顺时针螺旋的图形序列，其排列规律是：2 个圆形、2 个正方形、2 个三角形、3 个圆形、2 个正方形、3 个三角形、1 个圆形、2 个正方形、1 个三角形依次循环排列。

6. 三角形的困扰

答案：14。

紫色是 2，黄色是 3，橙色 5，绿色是 6。将三角形各边所代表的数字相加，得数即为三角形中间的数字。

7. 火车的轨迹

答案：C。

将火车编号的各位数字相加，得数即为英文单词首个字母在 26 个英文字母表中的位次数。

8. 图形转换轨迹

答案：3 条直线的分法如图 11-24 所示。

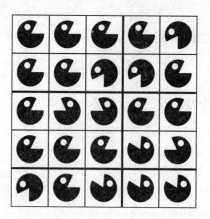

图 11-24

9. 房子问题

答案：50。

窗户+窗户−门=屋顶

10. 图形变换

答案：A。

只有 A 里边含有不对称的图形。